植物工厂

系统与实践

杨其长　魏灵玲　刘文科　程瑞锋　著

化学工业出版社

·北京·

植物工厂是解决未来粮食问题的技术方法，受到世界瞩目，发达国家已应用于生产实践。近年来我国植物工厂发展迅速，植物工厂的一些关键技术均取得了重大突破。本书以作者在植物工厂领域各项关键技术方面获得的具有我国自主知识产权的研究成果为核心，分析了植物工厂基本概念、发展意义以及国内外发展历程；介绍了植物工厂的工艺与系统构成、环境控制系统、LED 人工光源系统、营养液栽培与控制系统、蔬菜品质调控等相关结构与配套技术体系，并介绍了我国植物工厂领域具体的技术方法、各项创新性研究成果；本书还通过对家庭微型植物工厂、典型植物工厂案例与技术经济分析等内容的介绍，为读者了解我国植物工厂的发展成果、分析技术经济的可行性提供了有价值的参考；此外本书还对植物工厂发展趋势、未来热点领域以及我国今后发展思路进行了阐述。

本书适合植物工厂及园艺生产部门生产管理人员、科研技术人员，涉农部门领导、管理人员，农业科教单位技术人员、学生与广大关心环境与可持续发展的社会大众参考阅读。

图书在版编目（CIP）数据

植物工厂系统与实践/杨其长等著. —北京：化学工业出版社，2012.8（2022.4重印）

ISBN 978-7-122-14687-8

Ⅰ. 植… Ⅱ. 杨… Ⅲ. 农业技术-高技术-研究 Ⅳ. S-39

中国版本图书馆CIP数据核字(2012)第145079号

责任编辑：李 丽　　　　　　　　　文字编辑：李 瑾
责任校对：徐贞珍　　　　　　　　　装帧设计：关 飞

出版发行：化学工业出版社（北京市东城区青年湖南街13号 邮政编码100011）
印　　装：涿州市般润文化传播有限公司
710mm×1000mm　1/16　印张9　字数168千字
2022 年 4 月北京第 1 版第 10 次印刷

购书咨询：010-64518888　　　　　　售后服务：010-64518899
网　　址：http://www.cip.com.cn
凡购买本书，如有缺损质量问题，本社销售中心负责调换。

定　　价：98.00元　　　　　　　　　　　　　版权所有　违者必究

若干年前，当植物工厂概念第一次传入中国的时候，很多人还觉得不可思议，因为正是植物工厂技术的出现，第一次把人类几千年来理想化的农耕梦变成了现实。千百年来，人们一直梦想着有朝一日能够在不受气候干扰的条件下进行耕作，在轻松、愉快的环境下按照自己的意愿去生产与收获，农产品可以在程序化的流水线上源源不断地产出，这些梦想都随着植物工厂的诞生而成为可能。

植物工厂是指通过设施内高精度环境控制实现农作物周年连续生产的高效农业方式，是由计算机对植物发育过程的温度、湿度、光照、CO_2浓度以及营养液等环境条件进行自动控制，不受或很少受自然条件制约的省力型生产。植物工厂的显著特征是环境可控，受地理、气候等自然条件影响小，可按计划进行生产，作物生长周期短、速度快、污染少，工厂化立体栽培，土地利用率和作物产量可达露地生产的数倍甚至是几十倍。因此，植物工厂又被认为是现代农业的最高级发展阶段，世界各国都对其赋予了更多的期待，希望能够在未来解决人口、资源、环境等突出问题、大幅度地提高农业资源效率，以及在保障航天工程、月球和其他星球探索的食物自给等方面发挥更大的作用。

近年来，植物工厂在我国发展很快，短短几年间全国就有二十几座不同类型的植物工厂相继建成，我院以作者所在的团队为核心，在植物工厂关键技术研发、推广与普及等方面做出了重要贡献，形成了一批具有自主知识产权的技术成果。这本《植物工厂系统与实践》是作者最近10年来在植物工厂方面研究成果的结晶，书中通过对植物工厂的基本概念、发展意义以及国内外发展历程的分析，阐明了我国发展植物工厂的重要意义；通过对植物工厂的工艺与系统构成，以及环境控制系统、人工光源系统、营养液栽培与控制系统、蔬菜品质调控等相关结构与配套技术体系的介绍，为读者全面了解植物工厂的技术构成提供了有益的帮助；通过对家庭微型植物工厂、典型植物工厂案例与技术经济分析等内容的介绍，为读者了解我国植物工厂的发展成果、分析技术经济的可行性提供了有价值的参考；此外，还通过对植物工厂的发展趋势、未来热点领域以及我国今后发展思路的阐述，为读者描绘出了一幅美好的发展蓝图。相信该书的出版必将对推动我国植物工厂的发展产生深远的影响。

杨其长博士及其团队长期以来一直从事设施农业领域的研究工作，在设施园艺节能工程、LED植物光源及其应用、智能植物工厂关键技术研究等方面取得了卓有成效的创新成果。近年来该团队倾力进行智能植物工厂的研究工作，先后在植物工厂LED光源、水耕栽培营养液循环与控制、光温耦合节能环境调控以及智能化管理与远程控制等关键技术方面取得了突破性进展，并实现了在国内的规模化应用与普及推广，有力地推动了中国植物工厂的发展；同时，该团队还利用上海世博会以及国际性的学术交流活动，展示宣传中国植物工厂的技术成就，并得到了国际同行的高度评价，为奠定我国在国际植物工厂领域的优势地位做出了积极贡献。

该书的出版既是作者及其团队多年来在植物工厂关键技术领域研究成果的全面展示，同时又是第一次向国内读者系统地介绍中国植物工厂发展成就的力作。我深信这部倾注作者大量心血的著作一定会对中国植物工厂的发展起到更加有力的推动作用。在《植物工厂系统与实践》即将出版之际，谨向他们表示热烈祝贺，并乐为之作序。

刘旭

中国工程院院士

中国农业科学院副院长

2012 年 4 月 6 日

前言

　　2005年本人所在的团队出版了国内第一本有关植物工厂的著作《植物工厂概论》，重点就植物工厂的定义、类型、发展历程、结构特征、主要配套技术，如营养液栽培、环境控制、关键设备等进行了系统的阐述，并对典型案例进行了分析与评价，对中国植物工厂的发展前景及今后发展方向和总体思路进行了探讨。该书的出版，为中国植物工厂的发展起到了重要的促进作用，很多单位将此书作为系统了解植物工厂的必备教材。然而，由于当时我国植物工厂刚刚起步，对植物工厂的把握主要还是借鉴日本等发达国家的经验，有些案例也基本上是采用国外的资料，时常有一种不踏实的感觉。近年来，我国植物工厂发展迅速，短短的几年间，先后建成了20余座不同类型的植物工厂，植物工厂的一些关键技术，如LED节能光源、制冷-加热双向调温控湿、营养液（EC、pH、DO和液温等）在线检测与控制、数据采集与自动控制以及基于物联网的智能管理技术等，均取得了重大突破，不仅奠定了我国在国际植物工厂领域的地位，而且也为真正以我国自主知识产权技术为核心的植物工厂专著的出版提供了可能。

　　众所周知，植物工厂一般划分为三个类型，即人工光利用型植物工厂、太阳光利用型植物工厂以及太阳光与人工光并用型植物工厂（有些学者把后两种合并为一种类型，即太阳光利用型植物工厂），但在从事植物工厂研究工作的同行普遍意识中，狭义的植物工厂主要还是指人工光利用型植物工厂。本书由于篇幅所限，仅对人工光利用型植物工厂进行了系统的阐述。全书共分为9章，具体包括：植物工厂概述、工艺与系统构成、环境控制系统、人工光源系统、营养液栽培与控制系统、蔬菜品质调控、家庭微型植物工厂、典型案例与技术经济分析以及前景展望等。全书的中心放在植物工厂关键技术的介绍以及本人所在团队的研究成果与心得等方面，希望通过这些内容的介绍能对关注植物工厂事业的读者朋友们有一定的参考和帮助。

　　本书从酝酿到正式完稿历经了一年多的时间，是化学工业出版社编辑们的执著精神推动了本书的出版，是同事们的辛勤劳动和无私奉献促成了本书的完成。在成书过程中，中国农业科学院农业环境与可持续发展研究所巫国栋、张义、葛一峰、滕云飞等同事参与了部分内容的材料整理，研究生王君、刘义飞、邱志平等参与了部分插图的绘制和文字校对工作。在此一并致以谢意！

　　承蒙中国工程院院士、中国农业科学院副院长刘旭先生在百忙之中为本书作序，并给予诸多鞭策与鼓励，对此，表示衷心的感谢！

　　植物工厂作为一个崭新的领域，涉及到多学科、多领域的知识与技术。由于我们知识面及认识水平有限，加之时间仓促，书中疏漏甚至错误之处在所难免，敬请读者朋友们多多指正。同时，我们也更希望通过本书的出版，能够对行业发展起到一定的助推作用，一方面能引起有关部门对我国植物工厂研究的关注和重视，另一方面希望能吸引更多的专家、同行和读者参与到植物工厂的研究与建设事业中来，为共同推进中国植物工厂的发展做出更大的贡献。

杨其长

2012 年 5 月 5 日于北京

目 录

■■■■ 第4章　人工光源系统 /034

■■■■ 第5章　营养液栽培与控制系统 /059

第 **1** 章

植物工厂
概述

1.1　基本概念

　　植物工厂是一种通过设施内高精度环境控制，实现作物周年连续生产的高效农业系统，是由计算机对作物生育过程的温度、湿度、光照、CO_2浓度以及营养液等环境要素进行自动控制，不受或很少受自然条件制约的省力型生产方式。由于植物工厂充分运用了现代工业、生物科技、营养液栽培和信息技术等手段，技术高度密集，多年来一直被国际上公认为设施农业的最高级发展阶段，是衡量一个国家农业高技术水平的重要标志之一。同时，由于植物工厂可不占用农用耕地，产品安全无污染，操作省力，机械化程度高，单位面积产量可达露地生产的几十倍甚至上百倍，因此又被认为是21世纪解决人口、资源、环境问题的重要途径，也是未来航天工程、月球和其他星球探索过程中实现食物自给的重要手段。

　　目前，有关植物工厂的定义与分类方式还有不少争论，欧美与亚洲的意见也不一致，欧美人很少把具有人工补光的温室、内部采用水耕栽培或岩棉培植的蔬菜花卉工厂化生产方式称为太阳光利用型植物工厂，而在亚洲尤其是日本，就将其划分为太阳光利用型植物工厂之列。笔者曾经与日本植物工厂学会理事长、原千叶大学校长古在丰树教授探讨过这一话题，古在先生说，目前日本也未有统一的定论，普遍接受的意见是植物工厂可分为两种主要类型，即人工光利用型和太阳光（有补光或无补光）利用型植物工厂。人工光利用型植物工厂是指在完全密闭可控的环境下采用人工光源与营养液栽培技术，在几乎不受外界气候条件影响的环境下，进行植物周年生产的一种方式。其主要特征为：①建筑结构为全封闭式，密闭性强，屋顶及墙壁材料（硬质聚氨酯板、聚苯乙烯板等）不透光，隔热性较好；②只利用人工光源，光源特性好，如高压钠灯、高频荧光灯（Hf）以及发光二极管（LED）等；③采用植物在线检测和网络管理技术，对植物生长过程进行连续检测和信息处理；④采用营养液水耕栽培方式，完全不用土壤甚至基质；⑤可以有效地抑制害虫和病原微生物的侵入，在不使用农药的前提下实现无污染生产；⑥对设施内光照、温度、湿度、CO_2浓度以及营养液EC（电导率）、pH、DO（溶氧浓度）和液温等要素均可进行精密控制，明、暗期长短可任意调节，植物生长较稳定，可实现周年均衡生产；⑦技术装备和设施建设的费用高，能源消耗大，运行成本较高。太阳光利用型植物工厂是在半封闭的温室环境下，主要利用太阳光或短期人工补光以及营养液栽培技术，进行蔬菜周年生产的一种方式。其主要特征为：①温室结构为半封闭式，建筑覆盖材料多为玻璃或塑料（氟素树脂、薄膜、PC板等）；②光源主要为自然光，但在夜晚或白天连续阴雨寡照时，也采用人工光源补充；③温室内备有多种环境因子的监测和调控设备，包括温度、湿度、光照、CO_2浓度等环境因子的数据采集以及顶开窗、侧开窗、通风降温、喷雾、遮阳、补光、保温、防虫等环境调控系统；④栽培方式以水耕栽培和基质栽培为主；⑤生产环境易受季节和气候变化的影响，生产品种有一定的局限性，主要为叶菜类和茄果类蔬菜，有时生产不太稳定；⑥设施建设成本较人工光植物工厂要低得多，运行费用也相对低一些。

1.2　发展植物工厂的意义

近年来，植物工厂受到了前所未有的关注，原因是多方面的，但最为突出的有以下几个方面的考虑：①人口的飞速增长，可耕地的不断减少。据联合国预测，到2050年全球人口将达95亿，人类的食物需求也将要比现在增加70%～100%，而人均耕地面积在最近30年却已从0.33hm^{2}下降至0.22hm^{2}以下，降幅达31.7%。到2050年，我国人口将达到16.4亿，而耕地面积则由目前的9600万公顷下降到7300万公顷。如何利用有限的耕地资源满足人们日益增长的社会需求，已经成为世界各国尤其是资源紧缺国家必须面对的严峻问题，资源高效利用型植物工厂被认为是解决这一问题的重要途径之一。②药残超标问题日益突出，食品安全越来越受到大众关注。目前，杀虫剂和农药的使用仍非常普遍，药残超标的现象时有发生，随着人们生活水平的不断提高，对安全食品的需求也越来越迫切。植物工厂由于不使用或少用农药，所生产的蔬菜洁净无污染，正在受到社会的广泛追捧。③农业从业人口老龄化，年轻人不愿务农的现象日趋严重。据统计，日本2006年从事农业的劳力中60岁以上的人口占68.9%，而40岁以下仅占5%。预计到2016年，农业劳力60岁以上的人口将占82.8%，40岁以下的人口下降至4.7%。我国目前从事农业劳力中60岁以上老人也已经占60%以上，吸引年轻人务农将是很多国家面临的社会难题。植物工厂以其舒适的工作环境和工厂化的生产方式进行农事操作，将是吸引有知识的年轻人参与农业生产的重要方式。

此外，植物工厂作为技术高度密集、资源高效利用的农业生产方式，还具有其他农业模式无法比拟的优势，具体表现为：

① 作物生产计划性强，可在不受外界环境影响的条件下，实现周年均衡生产，叶菜类蔬菜一年可收获15～18茬。

② 单位面积产量高，资源利用率高。生菜年产量可达150t/1000m^2，为露地栽培的30～40倍。

③ 机械化、自动化程度高，劳动强度低，工作环境舒适，可吸引一大批有知识的年轻人从事农业生产。

④ 不施用农药，产品安全无污染。通过人工环境控制手段，可有效阻止病虫害侵入，生产过程不用或少用农药。

⑤ 多层式、立体栽培。人工光植物工厂的栽培层数可达 8 ~ 10 层，甚至更高，显著地提升了土地利用效率。

⑥ 可在非可耕地上生产，不受或很少受土地的限制。在城郊荒地，建筑物屋顶或地下室，楼宇之间的空地，沙漠、戈壁、岛礁，甚至在空间站及其他星球上都可以进行植物生产。

⑦ 可建立在城市周边或市区，蔬菜就近生产、就近销售，减少了中间环节，既能保持蔬菜尤其是叶菜类蔬菜的新鲜度，又可大幅度缩短产地到市场的运输距离，减少物流成本和碳排放。

因此，植物工厂被认为是未来解决人口增长、资源紧缺、新生代劳动力不足、食物需求不断上升等问题的重要途径，尤其是以植物工厂技术为基础的"垂直农业"或"摩天大楼农业"，更是为未来人类的食物供给找到了一条希望之路。

我国是一个农业大国，人口多，耕地少，人均资源相对不足。我国农业的发展正面临着人口、资源、环境的巨大压力和社会需求不断上升的严峻挑战。如何利用有限的资源满足人们日益增长的对食物和纤维的需求，实现农业的可持续发展，是新时期我国农业发展面临的重大挑战。植物工厂作为资源高效利用型农业生产方式，在我国的广泛应用和推广普及必将对缓解人口、资源、环境压力，大幅度提高单位资源的利用效率，提升我国农业现代化水平，具有十分重要的意义。

1.3 植物工厂历史回顾

1.3.1 国际植物工厂的发展

植物工厂的发展始于 20 世纪 50 年代欧美等一些发达国家，自诞生以来，历经了半个多世纪的发展历程，目前已经成为现代农业高技术产业的重要组成部分。植物工厂的基础主要来自于两项技术的突破，一项被称之为"营养液栽培技术"，20世纪 40 年代以来以"矿质营养学说"为理论基础的营养液栽培技术的应用与推广，为植物工厂的发展提供了重要的技术支撑；另一项就是"人工模拟环境与控制技术"，以 1949 年美国植物生理和园艺学家 F.W. Went 教授在加州帕萨迪纳建立的第一座人工气候室为标志，引发了"人工模拟生态环境"领域的革命性突破。世界上第一座植物工厂出现于 1957 年的丹麦约克里斯顿农场，面积为 1000m^2，属人工光和太阳光并用型，栽培作物为水芹，从播种到收获均采用全自动传送带流水作业，随后于1963 年在奥地利的卢斯那公司建成了一座高 30m 的塔式人工光植物工厂，利用上下传送带旋转式的立体栽培方式种植生菜，光源采用人工光。20 世纪 70 年代以来，随着水耕栽培技术的不断创新与突破，为植物工厂的发展提供了重要动力。1973 年英国温室作物研究所 Cooper 教授提出了营养液膜法（nutrient film technique，简称 NFT）水耕栽培模式，大大简化了栽培结构，降低了生产成本。同时，日本在这一阶段还研制出了深液流栽培法（deep flow technique，简称 DFT），并形成了 M 式、神园式、协和式、新和等量交换式等水耕栽培模式，大大推进了植物工厂栽培技术的进步。第一个完全依赖人工光的植物工厂最早于 1960 年由美国通用电气公司开发成功，到 1970 年陆续有通用食品公司、赛纳拉鲁米勒斯公司及依法德法姆公司等多家公司开始进行研发；1974 年日本日立制作所中央研究所高辻正基所在的研究组开始进行人工光植物工厂的研究，但真正在日本用于实际生产的第一个人工光植物工厂是 1983 年静冈三浦农场推出的平面式和三角板型植物工厂，当时的光源主要采用高压钠灯（图 1-1），栽培方式采用气雾培育与水耕栽培。随后，荷兰、美国、奥地利、挪威等国家，以及一些著名企业如荷兰的菲利浦、美国的通用电气、日本的日立和电力中央研究所等也纷纷投入巨资与科研机构联手进行植物工厂关键技术的研发，为植物工厂的快速发展奠定了坚实的基础。

■ 图 1-1　日本的人工光植物工厂

左图为1983年在静冈三浦农场建立的三角板型植物工厂，右图为无菌植物工厂

　　20 世纪 80 年代以来，植物工厂进入了快速发展时期，仅日本就建成了 50 多座各类型号的植物工厂，1989 年 4 月日本还专门成立了植物工厂学会。近年来，日本政府针对本国土地资源少、年轻人不愿务农、居民对高品质农产品需求旺盛的现实，提出了大力发展植物工厂、振兴现代农业的计划，由农林水产省出资 1000 亿日元、经济贸易工业省出资 500 亿日元补助科研单位、企业和农户，计划新增 100 座大型植物工厂，以解决日本农业面临的问题；同时，为了抢占国际农业高端技术市场，支持三菱、丰田等公司开发植物工厂配套产品，计划出口到中国、中东、欧美等国家和地区；韩国自 2009 年以来，开始进行人工光植物工厂的研发，两年多的时间内推出了多个型号的植物工厂产品；美国一方面通过植物工厂的研究希望为空间站和星球探索提供食物保障，另一方面还提出了"摩天大楼农业"的构想，希望利用植物工厂资源高效利用技术解决未来农业和空间探索的食物供给难题；欧洲各国也在

从节能和降低运行成本的角度进行植物工厂的研发，尤其是利用计算机系统实现植物工厂的智能化监控，使运行成本大为降低，劳动生产率显著提高，极大地推动了植物工厂的普及与发展。

目前，国际上植物工厂技术研发极为活跃，一方面不断引入和应用高新技术，朝着更加高端的方向发展；另一方面朝着更加节能和低运行成本的实用化方向发展，实现技术的普及化。人工光植物工厂已经能够实现对植物生长的环境要素（温度、湿度、光照、CO_2 浓度等）和营养液离子浓度进行在线实时检测和智能化监控；植物工厂叶类蔬菜实现了多层立体栽培，栽培层数可达到 8 ~ 10 层，空间利用率大幅提高；同时，LED 节能光源以及太阳能与新能源技术正在开发应用，大大降低了系统能耗与运行成本。此外，通过现代装备工程技术的引入和智能化监控手段的应用，植物工厂已经能实现从育苗、定植、栽培管理与收获的全程机械化操作，劳动生产率显著提高。

1.3.2　国内植物工厂的发展

我国植物工厂起步较晚，1998 年和 1999 年分别从加拿大引进过两套太阳光利用型植物工厂：一套放置在深圳，面积为 $1.33hm^2$；一套放置在北京顺义，面积为 $1.5hm^2$。主要采用深池水培系统进行波士顿奶油生菜的栽培生产，深圳的一套系统由于使用单位缺乏对技术的把握以及外方核心技术保密，建成后一直未能得到有效运转；北京的一套系统放置在顺义三高农业示范区内，近年来交由北京顺鑫农业股份有限公司经营，技术上也进行了一些改进，一直运行得不错（图 1-2）。

■ **图 1-2　太阳光利用型植物工厂**
北京顺义

国内植物工厂的研究起步于 2002 年前后，由作者所在的课题组在科技部"植物水耕栽培装置及其营养液自控系统研究"、"植物无糖培养工厂化综合调控系统的研究"等项目的支持下，开始进行密闭式人工光环境控制系统以及水耕栽培营养液在线检测和智能控制系统的研究。在这两个课题的支持下，植物工厂的相关研究取得了重要进展（见图1-3）。

图1-3　国内自主建立最早的植物工厂

左图为2002年建成的太阳光植物工厂，右图为2006年建成的人工光植物工厂，中国农科院

2005年作者在荷兰瓦赫宁根大学留学期间，发现该校已有人在实验室条件下利用LED光源进行植物栽培试验，通过查阅资料作者发现，LED将会是未来人工光栽培领域极有前途的节能光源。作者很快就将这一前沿研究与植物工厂联系起来，如果能将LED节能光源用于植物工厂，替代目前使用的高压钠灯和荧光灯，将是一个重要的发展方向。于是，立即通知国内的同事们赶快加紧试制，2006年3月在作者回国前，一座20m²的小型人工光植物工厂试验系统建设完毕，光源系统一半采用LED，一半采用荧光灯，并配置有智能环境控制与水耕栽培系统，由计算机对室内环境要素和营养液进行自动检测与控制，这是中国第一个人工光植物工厂试验系统。2006年4月作者回国后，立即开始植物工厂的试验研究工作，2009年又在此基础上建成了100m²LED植物工厂试验系统（图1-4），先后有10多位博士、硕士研究生在植物工厂条件下进行了人工光育苗、叶菜栽培以及药用植物培植的试验研究，取得了一大批原始数据，为我国植物工厂的研究奠定了基础。

2009年是中国植物工厂发展史上值得纪念的一年，第七届中国国际农产品交易会与第八届中国长春国际农业·食品博览（交易）会于2009年9月8日在长春开幕，国内第一例智能型人工光植物工厂亮相博览会，国务院副总理回良玉、原农业部部长孙政才等有关领导以及170多万观众参观了植物工厂，首例完全具有我国自主知识产权的植物工厂的展出，正式向世人宣告我国在植物工厂领域的重大技术突破，成为世界上少数掌握植物工厂高技术的国家之一。该植物工厂的建筑面积为200m²，共由蔬菜工厂和植物苗工厂两部分组成，以节能植物生长灯和LED为人工光源，采用制冷-加热双向调温控湿、光照-CO_2耦联光合调控、空气均匀循环与流通、营养液（EC、pH、DO和液温等）在线检测与控制、图像信息传输、环境数据采集与自动控制等 13 个相互关联的控制子系统，可实时对植物工厂的温度、湿度、光照、气流、CO_2 浓度以及营养液等环境要素进行自动监控，实现智能化管理。植物苗工厂由双列五层育苗架组成，种苗均匀健壮，品质好，单位面积育苗效率可达常规育苗的 40 倍以上，育苗周期可缩短 40% 以上；蔬菜工厂采用五层栽培床立体种植，栽培方式选用 DFT（深液流）水耕栽培模式，所栽培的叶用莴苣从定植到采收仅用 20 ～ 22 天时间，比常规栽培周期缩短 40%，单位面积产量为露地栽培的 25 倍以上，产品清洁无污染，商品价值高。

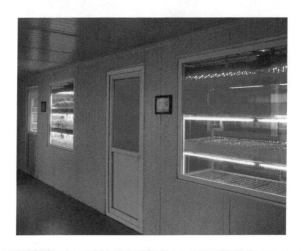

■ 图 1-4　LED植物工厂

100㎡，中国农科院

继国内第一例智能型人工光植物工厂研制成功后，作者所在的课题组又接受上海世博会组委会的邀请，为世博会研制出了全球首款"低碳·智能·家庭植物工厂"，并于 2010 年 5 ～ 10 月在上海世博园成功展出，参观者络绎不绝，该模式的出现为植物工厂技术走向家庭和都市生活，提供了超前的示范样板。

随着植物工厂技术的突破，2010 年 3 月作者所在的课题组又为辽宁省沈阳市小韩村研制出 4 万 m^2 的蔬菜工厂，采用营养液无土栽培技术进行蔬菜工厂化生产，日产鲜菜 5 ～ 6t，取得了显著的社会经济效益；随后，山东省泰安市也建成了 2 万 m^2 的蔬菜工厂。此外，北京通州、山东寿光、广东珠海、江苏南京等地也相继建成了 10 多座人工光和太阳光利用型植物工厂，尤其是家庭微型植物工厂的研制成功，还引起了日本、韩国、英国等同行的关注，纷纷要求进行相关的技术合作。中国植物工厂的快速发展和技术突破，标志着我国已经在该领域逐渐走在世界前列。

第 **2** 章

植物工厂
工艺与
系统构成

2.1　系统概述

目前，植物工厂主要分为两种主要类型：一类为人工光利用型植物工厂，是在完全密闭的环境下采用人工光源与营养液栽培技术，进行植物周年连续生产的一种方式；另一类为太阳光利用型植物工厂，是在半封闭的温室环境下采用自然光或短期人工补光与营养液栽培技术，进行植物周年生产的一种方式。广义的植物工厂是对这两类植物工厂的总称，但狭义的植物工厂一般指人工光利用型，即完全控制型植物工厂。太阳光利用型植物工厂主要涉及温室工程、环境控制、营养液栽培管理以及自动控制等相关技术，已经有很多专著进行过详细的描述，在本书中我们将重点对狭义植物工厂——人工光利用型植物工厂进行系统的论述。

人工光利用型植物工厂主要以不透光的绝热材料为围护结构，以人工光作为植物光合作用的唯一光源，并通过计算机系统对植物生长发育过程中的温度、湿度、光照、CO_2 以及营养液等要素进行自动控制，从而实现植物的周年连续生产。人工光利用型植物工厂按照其不同的功能特征和生产需求，在空间结构上主要由栽培车间、育苗室、收获与贮藏室、机械室（营养液罐、CO_2 钢瓶及控制设备等）、管理室（办公与计算机控制系统）等功能室组成（见图 2-1），通过这些空间结构与功能布局，实现植物从种子到收获、上市整个产业链的全程管理；同时，在系统结构上，这类植物工厂以外围护结构及各功能单元为基础，通过营养液循环与控制系统、多层立体水耕栽培系统、空气调节和净化系统、CO_2 气肥释放系统、人工光源系统以及计算机自动控制系统等各子系统的构建，全天候保障植物工厂的运行与智能化管理。

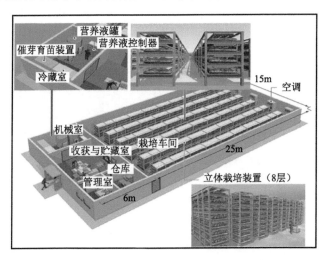

■ 图 2-1　植物工厂系统构成简图

来源自古在丰树教授

2.2　植物工厂生产工艺流程

　　人工光植物工厂按照作物从种子到收获、上市全过程的生产要求，其基本工艺流程包括：播种、催芽、育苗、栽培、收获、包装与贮藏、上市等，这些流程都是在人工可控的环境下进行的，而且还必须保证蔬菜洁净无污染工艺的要求，其系统结构也将围绕这一目标来设计。

2.2.1　播种、催芽（2~3天）

　　大型植物工厂的播种与催芽都是在一个独立的车间或在植物工厂栽培室一个独立的区域内完成的。播种的床板一般由海绵垫和白色塑料泡沫制成，通过专用机械或人工将海绵垫浸泡在箱板内。使用播种盘或板式育苗播种机（图 2-2）将种子播入海绵垫上的凹处。每个海绵垫播种 300 粒（25 穴 12 列）。床板尺寸为 300mm×600mm。播种后，将吸足营养液的海绵垫苗盘，置放在多层育苗床上，送到催芽室内，通过温、湿度调节催芽 2 ~ 3 天后发芽（见图 2-3）；催芽室内的环境条件为：无光、恒温（23℃）、恒湿（相对湿度 95% ~ 100%）。

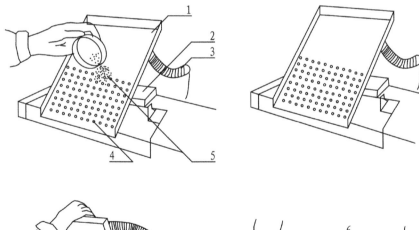

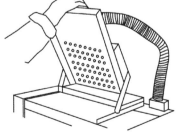

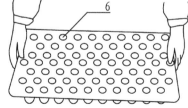

■ **图 2-2　板式育苗播种机**

1—吸种板；2—漏种板；3—吸气管；4—吸孔；5—种子；6—育苗盘

■ 图 2-3　播种与催芽

左图为简易播种操作，右图为催芽苗盘，来自于丸尾·达

2.2.2　育苗（16~18天）

出芽后的植物种苗移动到多层（一般 3～4 层）人工光育苗装置中，在完全人工光环境下，经过 1 周左右的时间使其绿化（见图 2-4）。所谓绿化就是通过光照，促进在暗期发过芽的植物形成叶绿体，为光合成做好准备。植物体经过绿化、开始光合成之后，再将这些绿化过的幼苗移植到含有营养液的栽培床中生长。播种用的海绵垫被平均切割成一块块，每一小块上的一株植物都被分离开来移植到水培用的苗床之中，再经过 2 周左右的时间就可以作为小苗来使用。移植密度考虑到苗化结束时的单株大小，在 585mm×880mm 的床板上可以种植 120 株（15 株×8 列），即密度为 233.1 株／m²。

■ 图 2-4　育苗绿化阶段

来自于丸尾·达

苗化期的环境控制包括温度、光环境及营养液浓度（EC）、营养液温度等。温

度控制的手段主要是换气、制冷与制热，而光环
境的控制则是用荧光灯或 LED 来实现（补光时
的光合成有效辐射强度为 $55\mu mol/(m^2 \cdot s)$。

2.2.3　定植与栽培（20~25天）

　　苗化结束后，将小植株连同海绵块一同移植
到栽培室内进行定植，通过人工将小植株定植于
带孔的栽培浮板上，在人工光环境下经过 3 周左
右的培育，生菜就可以收获（见图 2-5）。所采
用的人工光源目前主要为荧光灯或发光二极管
（LED），属于冷光源范畴，不仅可以使栽培层的
间距缩小（仅为 40cm 左右），提高栽培空间利用
率，而且还不会烤伤作物造成伤害。在这些冷光

■ 图 2-5　定植与栽培

来自于丸尾·達

源下，植物工厂的栽培层数一般设计为 3 ～ 4 层，也有些达到 8 ～ 10 层。生菜从定
植到收获期的栽培密度一般设计为每个 585mm×885mm 栽培板种植 12 株（4 株 ×3
列），即 23.2 株 / m^2。

■ 图 2-6　收获与包装

2.2.4　收获（1天）

　　经过三周左右的栽培后，将成熟期的蔬菜种
植槽移动到收获室进行采收、包装和贮藏等作业
（见图 2-6），收获过程中采用人工或机械手协助，
一边切断作物根部，一边清洗种植槽，随后将蔬
菜放置在塑料箱内用手推车搬运到包装车间，进
行包装、冷藏。

2.2.5　包装、贮藏（0.5~3天）

　　蔬菜收获后被搬运到收获与贮藏室，采用塑料袋
进行包装。包装好的蔬菜送到保鲜库进行预冷，
预冷是蔬菜运输或贮藏前进行适当降温处理的有
效措施。通过预冷可以降低活体温度，抑制蔬菜采后的生理生化活动，减少微生物
的侵染和营养物质的损失，提高保鲜效果。预冷室温度控制在 4 ～ 5℃，相对湿度
接近 100%，常年不变。

2.2.6　上市 (0.5天)

　　植物工厂的蔬菜上市都是按计划完成的，在生产进行之前，一般应有一定的销

售计划，通过与有关批发商达成供销协议，对产品的数量、规格、上市日期等应有详尽的合同，整个产品将围绕这些合同来进行。出售时一般都是每天用保鲜冷藏车运货。有时也通过专递公司运送。送货地点包括拍卖中心、批发市场，有些直接送到超市、宾馆、饭店等。

相关生产流程见表 2-1 所示。

表 2-1 植物工厂生产流程（以奶油生菜为例）

时 期	作业室	持续时间/天
播种、催芽	播种室、催芽室	2～3
育 苗	育苗室	16～18
栽 培	栽培室	20～25
收获、包装	收获与贮藏室	1.0
冷 藏	保鲜库	0.5～3
上 市	冷藏车	0.5

2.3 植物工厂系统构成

2.3.1 外围护结构与材料

人工光植物工厂是在完全封闭的条件下进行植物周年高效生产的一种方式，尽可能减少系统内的物质、能量和资源消耗，获取更多的终端产品是其努力实现的目标。因此，为了减少室内外物质、能量交换，隔断室外光照、热量对室内环境的影响，在外围护结构上应选择隔热、避光与防风效果较好的建筑材料。目前，在生产上使用较多的外围护材料有聚乙烯彩钢夹芯板、聚氨酯夹芯板洁净板材等，这些材料是通过在两层成型金属面板（或其他材料面板）和直接在面板中间发泡、熟化成型的高分子隔热内芯（聚乙烯或聚氨酯）构建而成，具有洁净、防腐、防潮、保温隔热等特征，能满足植物工厂内部的高湿环境以及清洗消毒等操作的需要。

外围护结构一般要求构建在混凝土结构基础及轻钢龙骨结构的骨架上，按照洁净板材的安装工艺要求进行拼接安装；观察窗采用全封闭式，配以专用铝合金型材与玻璃板结合，边角成45°；门采用彩钢板配以专用铝型材门框，周边嵌入橡胶密封条；墙与吊顶、墙与地面均采用半圆弧铝型材交接；地面底层采用水泥砂浆地面，上层铺自流平地面，自流平地面防尘、防潮、耐磨、防滑、防静电，且应具备便于清洁、施工快捷、维护方便、耐重压、耐冲击等特点。植物工厂的外维护结构可参照《洁净厂房设计规范》（GB 50073—2001）、《洁净室施工及验收规范》（GB 50591—2010）

进行施工与验收。

2.3.2 植物工厂系统构成

外围护结构是保障植物工厂环境稳定的基础，但要实现植物工厂的周年连续生产还必须配置相应的配套系统，主要包括：营养液循环与控制系统、环境控制系统、立体水耕栽培系统、人工光源系统以及计算机智能控制系统等。

2.3.2.1 营养液循环与控制系统

营养液栽培是人工光植物工厂的主要栽培方式，目前使用最为普及的有 DFT(深液流) 和雾培两种栽培模式，这两种模式均可采用封闭式营养液自动循环系统进行植物栽培的全过程管理。封闭式营养液自动循环系统主要由营养液池（罐）、检测传感器（EC、pH、DO 和液温等）、循环水泵、过滤与消毒装置、电磁阀与连接管路、栽培床以及自动控制装置等部分组成（图 2-7）。在系统运行过程中，通过各传感器在线实时检测营养液池（罐）的 EC、pH、DO 和液温等参数，并由控制软件确定是否需要进行调整。如果需要调整，则由电磁阀控制与营养液池（罐）相连的调配罐组合（包括大量元素、微量元素、酸液、碱液罐等），实现对营养液浓度的自动调配；营养液的液温则是通过加热或制冷装置来控制，溶氧量的提升主要是通过搅拌装置或加强培养液的循环流动来调节。配制好的营养液由循环管路直接送到栽培床或由雾化装置送到作物根部，持续不断地为作物提供营养；回液在经过过滤与消毒后，再次回到营养液池（罐）中，完成一个完整的循环过程。

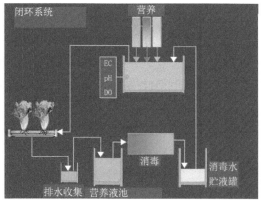

■ 图 2-7　营养液循环与控制系统

2.3.2.2 立体水耕栽培系统

早期的植物工厂由于使用高压钠灯等发热量大的人工光源，栽培床架多数仅有一层，即使采用两层结构，其层架之间的距离也在 1m 以上。随着荧光灯、LED 等冷光源的应用，使得栽培层架之间的距离缩小为 0.3 ～ 0.4m，植物工厂的栽培层数可达 3 ～ 4 层，有些甚至达 10 层以上，形成多层立体水耕栽培系统（图 2-8）。这种立体水耕栽培系统一般由固定支架、人工光源架、栽培槽、防水塑料膜、带孔泡沫栽培板、进水管、溢水管、循环管路等组成，通过循环管路与营养液自动循环系统连接，实现植物工厂的立体多层栽培，大幅度提高空间利用率和单位面积产量。

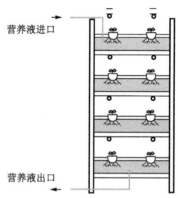

营养液进口

营养液出口

■ 图 2-8　立体水耕栽培系统
左图为4层立体水耕栽培系统（长春），右图为立体栽培系统原理图

2.3.2.3　环境控制系统

环境控制系统是植物工厂的重要子系统之一，包括对植物工厂的温度、相对湿度、CO_2 浓度、光照强度和光照周期等根上部环境因子，以及根际环境因子（EC、pH、DO 和液温）的综合控制。环境控制系统由传感器、控制器和执行机构三部分组成。

传感器是获取环境信息的重要工具，植物工厂传感器类型一般根据所需采集的环境因子来选定，主要包括：温度传感器、湿度传感器、光照度传感器、CO_2 浓度传感器、营养液酸碱度（pH 值）传感器、营养液浓度（EC 值）传感器、液温传感器和溶氧（DO 值）传感器等，如图 2-9 ～图 2-12 所示。将传感器所采集的模拟信号经过 A/D 转换器转换为控制单元所需的数字信号，并通过对被控参量（或状态）与给定值进行比较，根据两者的偏差来控制有关执行机构，达到自动调节被控量（或状态）的目的。执行机构主要包括：空调系统、加湿除湿装置、CO_2 钢瓶及其释放系统、光照控制器以及营养液调配罐组合、液温控制器和增氧装置等。常用的植物工厂环境控制系统原理如图 2-13 所示。

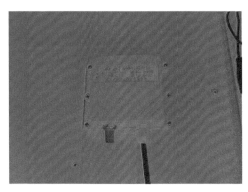

■ 图 2-9 温湿度传感器

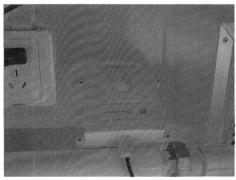

■ 图 2-10 光照传感器

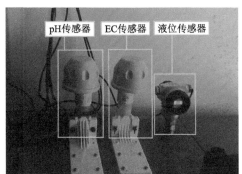

■ 图 2-11 EC/pH传感器、液位传感器

■ 图 2-12 EC/pH数据显示器

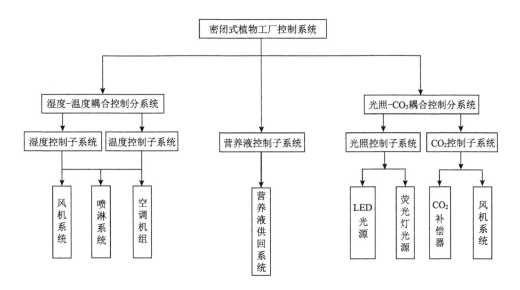

■ 图 2-13 植物工厂环境控制系统原理

2.3.2.4　人工光源系统

光源既是植物光合作用等基本生理活动的能量源，也是植物形态建成和生长过程控制的信息源，因此，光环境（光强、光质和光周期）的调节与控制显得尤为重要。在密闭式植物工厂中，植物生长发育主要依赖于人工光源，早期在植物工厂使用的人工光源主要有高压钠灯和荧光灯等，这些光源的突出缺点是能耗大、运行费用高，能耗费用约占全部运行成本的50%～60%。近年来，随着发光二极管（LED）技术的发展，使LED在植物工厂的应用成为可能。LED不仅具有体积小、寿命长、能耗低、发热低、可近距离照明等优点，而且还能根据植物的需要进行发光光质（红／蓝光比例或红/远红光比例等）的精确组合，显著促进植物的生长发育，提高其产量和品质。LED既可以实现节能，又可以使栽培层间距进一步缩小，大幅度提高空间利用率。一般植物工厂的人工光源系统主要由灯具、调压整流装置、控制装置等部分组成，可根据植物生长发育的需要进行精确调控。植物工厂人工光源系统如图2-14所示。

■ **图2-14　植物工厂人工光源系统**

左图为LED光源系统，右图为荧光灯光源系统

2.3.2.5　计算机控制系统

计算机控制系统是植物工厂的心脏，所有环境信息通过传感器进入计算机系统进行贮存、显示，并通过控制软件进行分析、判断，再指挥相关的执行机构完成对系统的控制。计算机控制系统主要由三部分组成：数据采集单元、控制器和执行机构。各传感器对植物工厂内的温度、湿度、CO_2、光照以及营养液等参数进行实时检测，经A/D转换器后送入单片机，完成数据采集；采用PLC为核心控制器，PC机与组态软件作为监控模块，两者通过串口进行通信来控制系统的执行部件，从而实现整个过程的智能化、人性化控制，如图2-15所示。

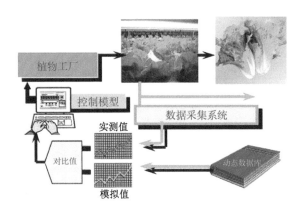

■ **图 2-15　植物工厂计算机控制系统原理图**

智能控制系统整体设计方案如图 2-16 所示。

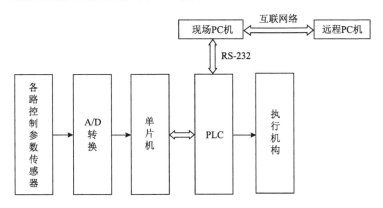

■ **图 2-16　智能控制系统整体设计方案**

第 **3** 章

植物工厂
环境控制
系统

环境控制系统是植物工厂的关键子系统之一，是实现植物周年连续生产的重要保障。植物工厂的主要环境要素包括：空气温度、相对湿度、气体（CO_2 浓度等）、光照等根上部环境因子，以及根际环境因子（EC、pH、液温和溶氧）等，同时部分植物工厂还对空气洁净度（悬浮粒子与菌落数）有严格的要求，空气的洁净度也被包含在环境控制系统之列。本章重点介绍洁净环境、温度、湿度、CO_2 浓度等环境控制系统的组成，人工光源、营养液循环与控制系统等部分内容将在后续章节陆续介绍。

3.1　植物工厂洁净系统

人工光植物工厂主要是在完全密闭的环境下进行植物周年连续生产，为了减少粉尘、病原微生物的侵入，保障蔬菜品质的洁净安全，有些植物工厂对空气洁净度有严格要求。因此，在植物工厂建设过程中，需要考虑洁净系统的设计。植物工厂洁净系统主要按照植物生产的技术流程及其对空气洁净度的具体要求进行设计与建设。

植物工厂洁净系统要求在洁净厂房基础上进行建设，洁净厂房一般采用 δ =50 mm 厚的聚苯乙烯夹芯彩钢板作围护结构，顶棚采用同等彩钢板吊顶；观察窗采用全封闭式，配以专用铝合金型材与玻璃板结合；门采用彩钢板配以专用铝型材门框，周边嵌入橡胶密封条；墙与吊顶、墙与地面均采用半圆弧铝型材交接。整个植物工厂用彩钢板分成栽培室、育苗室、收获与贮藏室、机械室（营养液灌、CO_2 钢瓶及控制设备等）、管理室（办公、计算机控制系统等）等功能室，并按洁净厂房的要求进行空气处理和静压差管理，如图 3-1 所示。

■ 图 3-1　具有洁净系统的植物工厂
左图为进入台湾一座植物工厂洁净室前穿上防护服[作者与千叶大学古在丰树先生(右)]，右图为作者在韩国植物工厂洁净室与技术人员交流

植物工厂洁净系统主要由空气净化处理设备及其相应的配套系统来实现，净化处理过程一般采用初效、中效、高效三级过滤，经过处理后的空气经风管由顶部送入植物工厂（见图3-2），回风由下部两侧的回风口来实现。回风口安装有初效过滤器，回风空气经调温、调湿、CO_2气体施放后，再经过中效过滤器和末端的高效过滤器处理后，再次通过顶部送风口的散流板送入植物工厂内，实现植物工厂空气的洁净处理与循环利用。同时，为了降低室外气候对室内环境的影响，减少能量消耗以及水、CO_2等物质的损耗，提高植物工厂内物理环境的控制水平，通常采用密闭式循环系统，在新风口处设置进风百叶、电磁密封阀等，平时新风电磁密封阀处于常闭状态，使植物工厂一直保持正压环境，当需要补充新风时电磁密封阀打开，这种设计可大大减少植物工厂内的物质与能量损耗，同时也可保持系统的洁净环境。

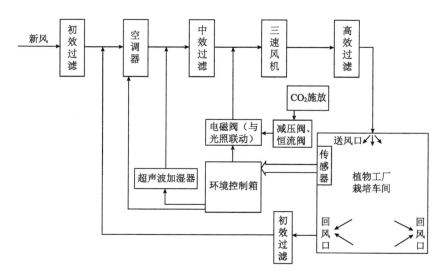

■ 图3-2 植物工厂洁净系统原理图

评价植物工厂洁净系统的性能一般通过测定室内的洁净度和静压差等参数来衡量。洁净度是指洁净环境内单位体积空气中含有大于或等于某一粒径悬浮粒子的允许统计数，对于植物工厂洁净度的评价还应包括对沉降菌或者浮游菌的测量。因此，植物工厂空气洁净度的评价应包括对悬浮粒子和沉降菌的测量等两部分。植物工厂栽培室、准备室各采样点的 0.5μm 和 5μm 的平均粒子浓度及 95％置信上限的最大值应分别小于国家标准 GB 50073—2001 中 7 级规定的 352000 粒 /m³ 和 2930 粒 /m³，洁净度达到国家标准 7 级（相当于 1 万级）。

沉降菌的检测按照国家标准 GB/T 16294—1996 规定：沉降菌测试前，被测试洁净间（区）已经过消毒。考虑到植物工厂栽培室内的植物，沉降菌测试中各个分区房间均不应消毒。要求在未消毒的情况下，栽培室内的沉降菌落数均应小于 3 个 /

（皿·30min），达到洁净度 7 级（相当于 1 万级）。

静压差作为检测洁净室与外界隔离程度，要求栽培室、准备室与室外的压差均应大于 10Pa，洁净区与非洁净区之间的压差大于 5Pa，有关参数应符合《洁净厂房设计规范》（GB 50073—2001）的要求。

3.2 温度环境及其调控系统

3.2.1 温度对植物光合生理的影响

温度与作物生长的关系极为密切，作物的生长、发育和最终产量均受温度的影响，特别是极端的高温和低温对作物的影响更大。温度对作物的影响作用不可低估，必须在一定的温度条件下，作物才能进行体内生理活动及其生化反应。温度升高，生理生化反应加速；温度降低，生理生化反应变慢，作物生长发育迟缓。当温度低于或高于作物生理极限时，其发育就会受阻甚至死亡。此外，温度的变化，还会引起综合环境中其他因子（如湿度）的变化，而这种变化，又反过来影响作物的生长发育。因此，植物工厂温度环境的调控对保障作物的高效生产极为重要。

3.2.1.1 温度对植物发育的影响

植物工厂内的气温和栽培床营养液的温度对作物的光合作用、呼吸作用，光合产物的输送、积累，根系的生长和水分、养分的吸收以及根、茎、叶、花、果实各器官的发育生长均有着显著的影响，为了使这些生长和生理作用过程能够正常进行，必须为其提供适宜的温度条件。作物的生育适温，随作物种类、品种、生育阶段及生理活动的昼夜变化而变化。通常评价温度对植物的影响主要采用三基点温度：最低温度、最适温度和最高温度。在最适温度下，植物的生长、生理活动能够正常进行，并且具有较高的光合作用产物积累速率。一般作物光合作用的最低温度为 0～5℃，最适温度为 20～30℃，最高温度为 35～40℃。此外，营养液温度的高低也会影响作物根系的生长发育和根系对水分、营养物质的吸收。一般情况下适宜的营养液温度为 18～22℃。植物工厂生菜的适宜温度见表 3-1 所示。

表 3-1 植物工厂生菜的适宜温度 / ℃

作物名称	适宜温度	发芽期	幼苗期		采收期	
			光期	暗期	光期	暗期
生菜	空气温度	18～20	15～20	12～14	18～20	12～15

注：引自《植物工厂概论》。

3.2.1.2 温度对植物光合作用与呼吸作用的影响

在适宜的温度范围内，随着气温的升高，植物的光合强度也相应提高，增长较快时，每升高1℃，光合强度可提高约10%；每提高10℃，光合强度提高约一倍。适温范围以外的低温或高温，光合强度都要显著降低。温度对植物光合强度和呼吸强度的影响见图3-3所示。

呼吸作用也同样随气温的提高而增强。在较低的温度下，植物光合作用强度低，光合产物少，生长缓慢，不利于作物生长；温度过高，光合强度增长减缓或降低，呼吸消耗增长大于光合作用增长，同样不利于光合产

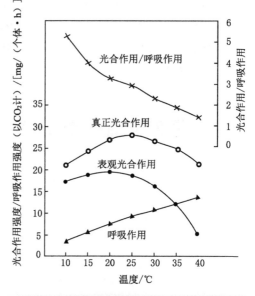

■ 图3-3　温度对植物光合强度和呼吸强度的影响

物的积累。呼吸作用的最低温度为－10℃，最适温度为36～46℃，最高温度为50℃。在呼吸适温范围内，温度提高10℃，呼吸强度提高1～1.5倍。

最利于植物光合产物积累的温度条件随光照条件的不同而变化，一般光照越强，最适温度越高。光照较弱时，如气温过高，光合产物较少，呼吸消耗较多，植物中光合产物不能有效积累，会使植物叶片变薄，植株瘦弱。

植物光合作用产物输送同样需要一定的温度条件，较高的温度有利于加快光合产物输送的速度。如果光合作用后期与暗期阶段温度过低，叶片内的光合产物不能输送出去，叶片中碳水化合物积累过多，不仅影响次日的光合作用，还会使叶片变厚、变紫、加快衰老，使光合能力降低。

3.2.2　植物工厂温度调节与控制

植物工厂温度调控是通过一定的工程技术手段进行室内温度环境的人为调节，以维持作物生长发育过程的动态适温，并实现在空间上的均匀分布、时间上的平缓变化，以保障植物工厂的高效生产。目前，植物工厂温度的主要调节与控制措施如下。

3.2.2.1 降温控制

由于人工光利用型植物工厂属于完全封闭式结构，屋顶和四周围护材料的隔热性能较好，因此室外的气候对室内环境的影响不大。但是，由于人工光源的发热，以及从栽培床、构造物等释放出来的热量都能提高室内的温度。因此，必须采取降温措施，强制排出室内产生的热量，以保持植物生长所需的温度。

降温一般采用空调制冷机组来完成，通过控制继电器的闭合与断开，实现空调制冷机组的开启与关闭。首先是由温度传感器进行数据采集输出模拟信号，经 A/D 转换器后转换成数字信号输入单片机，并与设定值比较，确定是否需要调节；其次是通过计算机系统与执行机构进行调控。当植物工厂内温度高于设定值的上限时，单片机给出控制信号闭合继电器，开启空调制冷，当植物工厂内温度达到设定值时，单片机给出控制信号断开继电器，制冷结束，从而实现对植物工厂温度环境的自动调控。植物工厂由于是多层立体栽培，空调系统的气流分布也极为重要，国内外众多单位也进行了很多尝试（如图 3-4 所示），通过合理的气流分布以保证室内空气温度在空间上的均匀一致。

■ 图 3-4　植物工厂空调机组及送风方式
左图为韩国植物工厂顶部送风侧面回风系统，右图为南京汤山植物工厂均匀送风系统

3.2.2.2　加温调节

在冬季，室外气温较低，室内暗期的温度往往低于作物正常生长所需的温度。这时，就需要通过增温措施来增加植物工厂的热量，以维持适宜的室温。

寒冷地区的植物工厂的增温一般采用热水供暖系统。供暖系统由热水锅炉、供热管道和散热器等组成。水通过锅炉加热后经供热管道进入散热器，热水通过散热器加热空气，冷却后的热水回流到锅炉中重复使用。一般采用低温热水供暖（供、回水温度分别为 95℃和 70℃）。由于热水采暖系统的锅炉与散热器垂直高度差较小（小于 3m），因此，一般不采用重力循环的方式，仅采用机械循环的方式，即在回水总管上安装循环水泵。在系统管道和散热器的连接上采用单管式或双管式。根据室内湿度高的特点，多用热浸镀锌圆翼型散热器，散热面积大，防腐性能好。散热器布置一般布置在维护结构四周，散热器的规格和长度的确定要以满足供暖设计热负荷要求为原则，在室内均匀布置以期获得均匀的温度分布。

　　温带或温热带地区的植物工厂冬季需要的加热负荷不大，一般采取空调系统增温即可，通过与降温系统同样的管路系统，均匀地向植物工厂供应热风，以维持植物暗期适宜的温度。

　　为保持作物根部适宜的生长温度，冬季采用热水管道或电加热的方式对营养液进行加温，以保持营养液和作物根际环境的稳定。

3.3　植物工厂湿度调节与控制

　　植物工厂内空气相对湿度决定了作物叶面和周围空气之间的水蒸气压力差，影响作物叶面的蒸发。湿度的大小不仅影响作物蒸腾与地面蒸发量，而且还直接影响作物光合强度与病害发生。湿度低，作物叶面蒸发量大，严重时导致根部供水不足，作物体内水分减少，细胞缩小，气孔率降低，光合产物减少；湿度高，作物叶面的蒸发量小，严重时体内水分过多，导致茎叶增大，影响产量。在 25% ～ 80% 的相对湿度下，作物能够正常生长。湿度对作物的另一个影响是病虫害，在湿度高于 90% 时，作物会因高湿而产生病害；在湿度过低时，作物容易发生白粉病及虫害。不同的作物对空气中相对湿度的要求也不尽相同，因此应根据不同的作物品种及所处的生长期对空气湿度进行调节。

3.3.1　降湿调节

　　植物工厂内降湿调控可采用加热、通风和除湿等方法。加热不仅可提高室内温度，而且在空气含湿量一定的情况下，相对湿度也会自然下降；适当通风将室外干燥的空气送入室内，排出室内高湿空气也可以降低室内相对湿度；直接采用固态或液态的吸湿剂吸收空气中的水汽也是一种降低空气湿度的方法，但成本相对高一些。

　　为了控制室内过高的相对湿度，植物工厂通常采用以下几种降湿方法。

　　（1）通风换气降湿　植物工厂内造成高湿的主要原因是密闭。为了防止室内高温高湿，可采取强制通风换气的方法，以降低室内湿度。室内相对湿度的控制标准因季节、作物种类不同而异，一般以控制在 50% ～ 85% 为宜。通风换气量的大小与作物蒸发、蒸腾的大小及室内外的温湿度条件有关。

　　（2）加温降湿　在一定的室外气象条件与室内蒸腾蒸发及换气条件下，室内相对湿度与室内温度成负相关。因此，适当提高室内温度也是降低室内相对湿度的有效措施之一。加温的高低，除作物需要的温度条件外，就湿度控制而言，一般以保持叶片不结露为宜。

（3）热泵降湿　利用压缩机对制冷工质压缩做功，使制冷工质通过蒸发器蒸发时从低温热源吸取蒸发潜热，经压缩后再通过高温散热器，将从低温热源吸取的热量与压缩机压缩做功的热量一起放热于高温加热间，这是热泵正常的工作程序。如将热泵的蒸发器置于栽培室，蒸发盘管的温度可降到5℃左右，远低于室内空气的露点温度。空气循环时，室内空气中的水汽大量从蒸发盘管上析出，就可以降低室内空气湿度。据研究，利用热泵降湿，一般可使夜间室内湿度降到85%以下。不仅如此，通过热泵除湿，还可获取大量的冷凝水，据日本千叶大学古在丰树教授的计算，一座植物工厂灌水使用量在2100kg时，其蒸发量会达到2058kg，实际被植物吸收利用的仅有42kg，如果安装有冷凝除湿装置，可以吸收蒸发水汽2000kg，并通过冷凝后继续回流使用，仅有58kg的水汽通过通风系统或自然泄漏排出室外，这样整座植物工厂的水资源利用效率就达到97%，不仅控制了室内空气湿度，而且还实现了资源的高效利用。

3.3.2　加湿调节

在干燥季节，当室内相对湿度低于40%时，就需要加湿。在一定的风速条件下，适当增加一部分湿度可增大气孔开度，提高作物的光合强度。常用的加湿方法有喷雾加湿与超声波加湿等。超声波加湿不会出现因加湿而打湿叶片的现象，已经在植物工厂中广泛使用。

图3-5是一款应用于植物工厂的超声波加湿器，系统由相对湿度传感器、水箱、泵、供水管道、稳压器、比例控制器、加湿器和控制电路等组成。加湿用水为去离子水，由水泵将去离子水供至加湿器的汲水盘，根据控制系统给出的信号确定湿度调节状态。湿度的控制采用比例控制（图3-6），通过设定湿度控制值和比例参数值，当控制湿度系统启动时，环境监控开关S2闭合，加

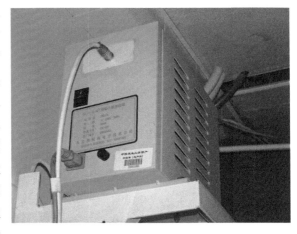

■ 图 3-5　超声波加湿器

湿机开启；同时，通过IIC通讯接口，将比例控制值传递给"IIC-DA模块"输出模拟比例信号，模拟比例信号经"比例控制器"控制加湿器的加湿量，实现对植物工厂内相对湿度的比例调控。

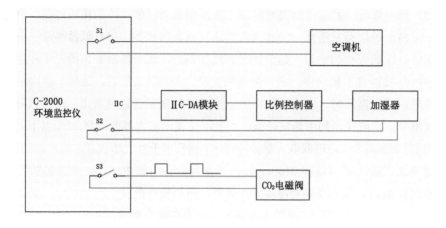

■ **图 3-6　湿度的比例控制**

3.4　CO₂调节与控制

3.4.1　CO₂浓度与植物的光合成

CO_2 是作物生长的重要原料。绿色植物在光照条件下，由叶绿体将 H_2O 和空气中的 CO_2 合成有机质并释放 O_2 的过程称为光合作用。植物通过光合作用将光能转变为贮藏在有机质中的化学能，又通过呼吸作用，即碳水化合物的氧化作用，为植物体内各种生物或化学反应过程提供能量。

用于作物光合作用的 CO_2 有三种来源，即叶片周围空气中的 CO_2、叶内组织呼吸作用产生的 CO_2 及作物根部吸收的 CO_2，后者仅占作物吸收 CO_2 总重的 $1\% \sim 2\%$，绝大部分 CO_2 来自于叶边界层和叶内组织的呼出，并通过扩散途径由表皮或气孔进入叶肉细胞的叶绿体。在光合过程中，CO_2 因不断被叶绿体消耗，浓度不断降低，并与周边环境形成 CO_2 浓度梯度，导致 CO_2 向叶绿体扩散。

叶片周围空气 CO_2 浓度与光合作用的关系可用模式图 3-7 表示。从 CO_2 补偿点 [C_3 作物 CO_2 浓度为 $(30 \sim 100) \times 10^{-6}$，$C_4$ 作物为 $(0 \sim 10) \times 10^{-6}$] 至饱和点（一般为 $800 \times 10^{-6} \sim 1800 \times 10^{-6}$），光合速率大体随 CO_2 浓度的增加呈线性增长；当 CO_2 浓度超过饱和点，在一定范围内，光合速率也与 CO_2 浓度无关；当 CO_2 浓度升到 $0.4\% \sim 0.7\%$，则引起气孔关闭，光合速率下降，以致光合作用停止。由此可见，大气中 CO_2 浓度（350×10^{-6}）远低于 CO_2 饱和点，尚不能满足光合作用的需要，增加 CO_2 浓度，将有利于光合速率的提高。另一方面，CO_2 浓度升高会缩小气孔开度，使气孔阻力增大，在一定程度上抑制了 CO_2 的输送和光合速率增长。而气孔阻力增大，又会影响水汽扩散，蒸腾作用减弱，从而提高作物的水分利用率。

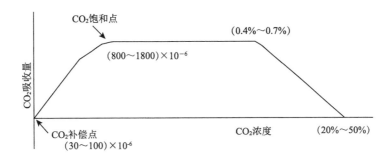

图 3-7　叶片周围 CO_2 浓度与光合作用的关系模式图

3.4.2　CO_2 气源及其调控技术

大气中 CO_2 浓度平均能达到 330ml/L 左右，即 0.65g/m³，远低于作物所需的理想值，CO_2 施肥已经成为植物工厂高效生产必不可少的重要措施。从 CO_2 的饱和点来看，一般为 800 ～ 1800ml/L 或更高，光照越强，饱和点越高。但施用 CO_2 浓度越高，其成本也越高，因此植物工厂一般选择较为经济的增施浓度，如 800 ～ 1000ml/L。

目前，CO_2 施肥的方式有很多种，主要包括如下 3 种。

（1）瓶装液态 CO_2　酒精酿造工业的副产品，可以获得纯度 99% 以上的气态、液态和固态 CO_2。将气态 CO_2 压缩于钢瓶内成为液态，打开阀门即可使用，方便、安全，浓度容易调控，且原料来源丰富。

瓶装液态 CO_2 控制系统由 CO_2 钢瓶、减压阀、流量计、电磁阀、供气管道（如图 3-8）及 CO_2 浓度传感器等组成。CO_2 传感器的测量范围为 $(0 \sim 5000) \times 10^{-6}$，

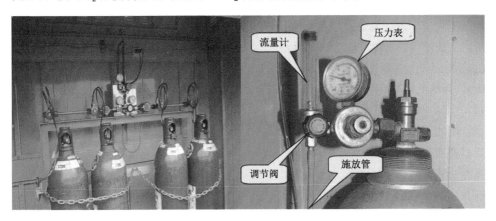

图 3-8　植物工厂液态 CO_2 钢瓶及配件

检测精度为 $\pm 30 \times 10^{-6}$。为方便控制，钢瓶出口装设减压阀，将 CO_2 压力降至 $0.1 \sim 0.15 MPa$ 后释放。电磁阀的开启与植物工厂内的光照实行联动控制。CO_2 气体由钢瓶经减压恒流阀、流量计、电磁阀，直接施放到靠近风机处的通风管道中，通过三速风机由顶部送入或采用管道输送，沿管长方向开设小孔将 CO_2 均匀送入植物工厂内。

瓶装液态 CO_2 释放方式使用简便，便于控制，费用也较低，为人工光植物工厂 CO^2 气源的首选方式。

（2）碳氢化合物燃烧产生 CO_2 煤油、液化石油气、天然气、丙烷、石蜡等物质的燃烧，可生成较纯净的 CO_2，通过管道送入植物工厂。1kg 天然气可产生 3kg（1.52m³）CO_2，1kg 的煤油可产生 2.5kg（1.27m³）CO_2。燃烧后气体中的 SO_2 及 CO 等有害气体不能超过对植物产生危害的浓度，因此要求燃料纯净，并采用专用的 CO_2 发生器。这种方法便于自动控制，但运行成本相对较高。在国外的温室和太阳光利用型植物工厂采用较多，在人工光植物工厂较少使用。

（3）化学反应法产生 CO_2 用 $CaCO_3$（或 Na_2CO_3）加 HCl（或 H_2SO_4）经化学反应后可产生纯净的 CO_2，使用方便，原料丰富价廉。但由于原料含有一些杂质，需注意减少化学反应的残渣余液（如硫化氢、氯化氢等）对环境的污染，同时强酸易对人体造成危害，操作时要注意安全。由于对化学反应产生的 CO_2 控制精度较难把握，一般在温室和太阳光利用型植物工厂使用，在人工光植物工厂内也较少使用。

植物工厂 CO_2 肥源的选择，需根据具体情况来定，一般需要考虑资源丰富、取材方便、纯净无害、成本低廉、设备简单、便于自控、使用便捷等条件。

3.5 智能环境控制系统

植物工厂被认为是设施农业的最高级发展阶段，其核心就是可以利用计算机对植物生长过程的温度、湿度、光照、CO_2 浓度以及营养液（EC、pH、DO、液温）等环境要素进行自动控制，实现智能化管理。

植物工厂智能环境控制系统主要以微处理器为核心，通过环境传感器 [温度、湿度、光照、CO_2 浓度以及营养液（EC、pH、DO、液温）传感器等]、控制器及其配件（A/D 转换器、继电器、定时器、减压阀、

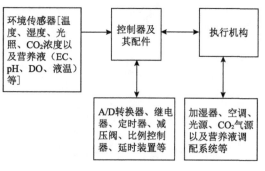

■ 图 3-9 植物工厂数据采集与控制系统结构

比例控制器、延时装置）和执行机构（超声波加湿器、空调、光源、CO_2 气源以及营养液调配系统）等三大组件（见图 3-9）的配合，实现对植物工厂的智能化管理与控制。

3.5.1　环境数据检测

环境数据检测由数据传感器和多个输入、输出通道的微处理器来实现（见图 3-10、表 3-2）。输入通道连接植物工厂的温度、湿度、光照、CO_2 浓度以及营养液（EC、pH、DO、液温）等环境传感器，并将检测到的模拟信号转变为数字信号，通过显示器（如液晶屏等）显示当前被检测的环境数据，实现在线检测。

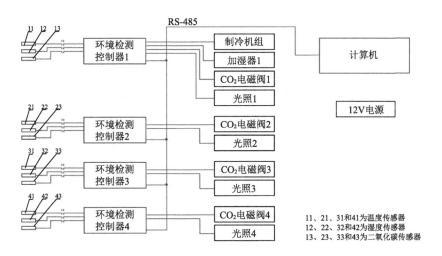

■ **图 3-10　环境数据检测原理图**

表 3-2　环境传感器设定范围及最小设定值

环境因子	设定代码	上下限	设定范围	设定最小值
温度	TS	TD	0～50℃	±0.1℃
湿度	HS	HD	0～100%	±0.1
CO_2浓度	CS	CD	$(0～5000)×10^{-6}$	$±10×10^{-6}$
光照	TM	LO LF	0～24h	±1min

3.5.2　环境监控系统

环境监控系统由可编程控制器与输入输出设备及驱动/执行机构等组成（如图 3-11 所示）。

监控器具有多个输出控制通道，控制值通过面板按键进行设定。微控制处理器将环境测定参数的设定值与检测值比较，由中间继电器控制空调、加湿器和CO_2施放装置，实现对环境温度、湿度和CO_2浓度的自动控制；光照采用定时控制；空调、加湿、CO_2施放分别与风机互锁，CO_2施放与光照联动控制。营养液的监控通过相关传感器，以及母液罐加温降温装置来实现。监控器设有RS-485通讯接口，可以方便地将多台监控器组合与计算机连接，实现计算机多点监控。

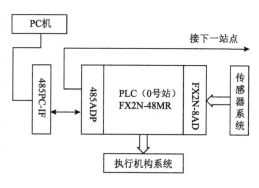

■ 图3-11　环境监控系统组成

在控制方式上，温度采用触点控制，相对湿度和CO_2浓度则采用PWM控制，光照采用定时分档控制。系统在控制软件的支持下，将传感器采集的信号经过放大、采样后，经A/D转换器将模拟信号转换成数字信号输入计算机，计算机作运算判别后输出控制信号，通过该信号控制继电器，进而开闭或调节相应的执行机构，如加湿器、空调、光源、CO_2气源以及营养液调配系统等，实现对植物工厂内环境要素的调控。

监控器与计算机相连，可实施数据显示、贮存、处理和自动控制功能（见图3-12）。计算机控制程序采用VB(6.0)编制，具有良好的图视化效果，人机对话功能强，界面简洁直观，操作方便。各项数据记录，可方便地生成图表，便于对系统运行环境的分析。同时，在计算机上可直接完成设定或修改每台监控器的环境参数控制点。通过Web系统，还可实现整个系统的异地远程监控。

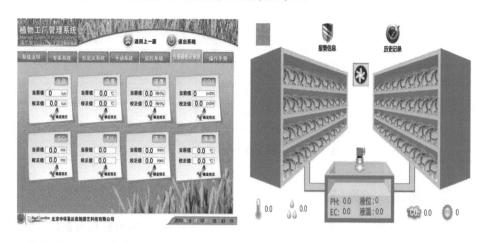

■ 图3-12　环境监控系统界面

左图为参数设定界面，右图为状态显示界面

3.5.3 上位机管理及远程控制系统

环境数据采集与控制系统通过输出通道与上位机连接，操作人员可实时监控植物工厂环境参数的变化，调整相关控制参数，编辑处理相关数据见图3-13。

■ **图3-13 植物工厂管理系统计算机界面**

同时，通过以太网等网络传输工具，操作人员也可以用一台电脑或一部手机在本地或异地对整个植物工厂内部的环境参数进行设定与远程监控（如图3-14）。

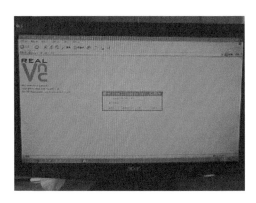 

■ **图3-14 通过网络进行远程监控界面**

第 **4** 章

人工光源系统

"万物生长靠太阳",光不仅是植物进行光合作用等基本生理活动的能量源,而且也是花芽分化、开花结果等形态建成的动力源,光照条件的好坏还直接影响植物的产量和品质。自然界中的光照主要来自于太阳,而在人工光植物工厂中,太阳光难以进入完全密闭的环境,植物的光合作用主要依赖于人工光源。因此,在人工光植物工厂中构建合理的人工光源系统显得尤为重要。

4.1 植物光合作用及其对光的需求

无论是采用太阳光还是人工光进行植物生产,最终都是通过光合作用来完成产物的积累。光合作用是通过植物叶绿素等光合器官,在光能作用下将 CO_2 和水合成为糖和淀粉等碳水化合物并释放出氧气的生理过程;与光合作用相对应的是呼吸作用,呼吸作用是通过植物线粒体等呼吸器官,吸收氧气和分解有机物而释放 CO_2 与能量的生理过程,是植物把光合作用形成的碳水化合物作为能量用来形成根、茎、叶等形态建成的重要生理活动。呼吸作用包括与光合作用毫无关系的暗呼吸以及与光合作用同时进行的光呼吸两个部分。作物的光合作用与呼吸作用之间有一个相互平衡过程,随着生长阶段的不同,其平衡点也不同。实际生产中经常利用控制作物的光合速度和呼吸速度来调节营养生长和生殖生长的相对平衡,达到提高目标产量或改善产品品质的目的。

植物的光合作用与 CO_2 的吸收与释放关系密切,光合时吸收 CO_2,呼吸时排放 CO_2,这两种生理活动是同时进行的,所以光合器官的叶片内外的 CO_2 交换速度也就等于光合速度减去呼吸速度。通常把该 CO_2 交换速度也叫做净光合速度,其中的呼吸速度则是暗呼吸速度与光呼吸速度的总和。一般而言, C_3 植物光呼吸速度高, C_4 植物光呼吸速度低。因此,净光合速度为 0 时,光合速度等于光呼吸速度。光合速度的单位为 $kg/(m^2 \cdot s)$ 或 $mol/(m^2 \cdot s)$(以 CO_2 计),表示单位叶面积单位时间内 CO_2 的吸收、排放或交换量。有关 CO_2 在植物工厂的作用、功能以及与光合作用的关系已经在第 3 章中进行了详细的描述,本章重点介绍光合机理以及植物对光的需求。

4.1.1 光强对作物光合的影响

光合产物的形成与光照的强度及其累积的时间密切相关。光照的强弱一方面影响着光合强度,同时还能改变作物的形态,如开花、节间长短、茎的粗细及叶片的大小与厚薄等。在某一 CO_2 浓度和一定的光照强度范围内,光合强度随光照强度的增加而增加。当光照强度超过光饱和点时,净光合速度不但不会增加,反而还会形成抑制作用,使叶绿素分解而导致作物的生理障碍。不同类型植物的光饱和点的差异较大，光饱和点一般会随着环境中CO_2浓度的增加而提高（图4-1）。因此，植物生产中给予光饱和点以上的光照强度毫无意义；而另一方面，当光照强度长时间处于光补偿点之下，植物的呼吸作用超过了光合作用，有机物消耗多于积累，作物生长缓慢，严重时还会导致植株枯死，因此对植物生长也极为不利。通常情况下，耐荫植物的光补偿点为200～1000lx，喜阳植物的光补偿点为1000～2000lx。植物对光照强度的要求可分为喜光型、喜中光型、耐弱光型植物。蔬菜多数属于喜光型植物，

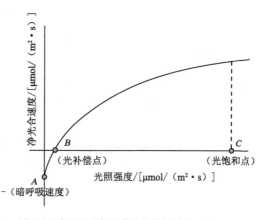

■ 图4-1　光照强度与光合速度的相对关系

其光补偿点和光饱和点均比较高，在人工光植物工厂中作物对光照强度的相关要求是选择人工光源的最重要依据，了解不同植物的光照需求对设计人工光源、提高系统的生产性能都是极为必要的。

4.1.2　光质对作物光合的影响

光质或光谱分布对植物光合作用和形态建成同样具有重要影响，地球上的植物都是在经过亿万年的自然选择来不断适应太阳辐射，并依据种类不同而具有光选择性吸收特征的。到达地面的太阳辐射的波长范围为300～2000nm，而以500nm处能量最高。太阳辐射中，波长380nm以下的称为紫外线，380～760nm的叫可见光，760nm以上的是红外线也称为长波辐射或热辐射。太阳辐射总能量中，可见光或光合有效辐射占45%～50%，紫外线占1%～2%，其余为红外线。

波长400～700nm的部分是植物光合作用主要吸收利用的能量区间，称为光合有效辐射；波长700～760nm的部分称为远红光，它对植物的光形态建成起一定的作用。在植物光合过程中，植物吸收最多的是红、橙光（600～680nm），其次是蓝紫光和紫外线（300～500nm），绿光（500～600nm）吸收的很少（图4-2）。紫外线波长较短的部分，能抑制作物的生长，杀死病菌孢子；波长较长的部分，可促进种子发芽，果实成熟，提高蛋白质、维生素和糖的含量；红外线还对植物的萌芽和生长有刺激作用，并产生热效应。

不同的光谱成分对植物的影响效果也不尽相同（表4-1），强光条件下蓝色光可促进叶绿素的合成，而红色光则阻碍其合成。虽然红色光是植物光合作用重要的能量源，但如果没有蓝色光配合则会造成植物形态的异常。大量的光谱实验表明，适当的红色光（600～700nm）/蓝色光(400～500nm)比（R/B比）才能保证培育出形

态健全的植物，红色光过多会引起植物徒长，蓝色光过多会抑制植物生长。适当的红色光（600～700nm）/远红色光(700～800nm)比（R/FR比）能够调节植物的形态形成，大的R/FR比能够缩短茎节间距而起到矮化植物的效果，相反小的R/FR比可以促进植物的生长。所有这些特征都是植物工厂选择人工光源时必须考虑的重要因素，尤其是对于近年来发展起来的新型节能光源，如LED、LD以及冷阴极管等来说显得更为重要，因为这些光源需要通过不同光谱的单色光组合构成作物最适宜的光质配比，以保障高效生产和节能的需求。

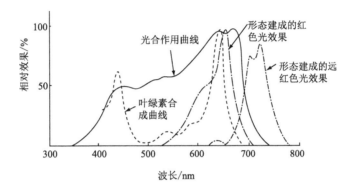

■ **图 4-2　与植物的光合作用和形态建成有关的分光特性曲线**

表 4-1　各种光谱成分对植物的影响

光谱 / nm	植物生理效应
＞1000	被植物吸收后转变为热能，影响有机体的温度和蒸腾，可促进干物质的积累，但不参加光合作用
1000～720	对植物伸长起作用，其中 700～800 nm辐射称为远红光，对光周期及种子形成有重要作用，并控制开花及果实的颜色
720～610	主要为红、橙光——被叶绿素强烈吸收，光合作用最强，某种情况下表现为强的光周期作用
610～510	主要为绿光——叶绿素吸收不多，光合效率也较低
510～400	主要为蓝紫光——叶绿素吸收最多，表现为强的光合作用与成形作用
400～320	起成形和着色作用
＜320	对大多数植物有害，可能导致植物气孔关闭，影响光合作用，促进病菌感染

4.1.3　光周期对植物的影响

植物的光合作用和光形态建成与日长（或光期时间）之间的相互关系称其为植

物的光周性。光周性与光照时数密切相关，光照时数是指作物被光照射的时间。不同作物，完成光周期需要一定的光照时数才能开花结实。

长日照作物，如白菜、芜青、芭莨菜等，在其生育的某一阶段需要 12～14h 以上的光照时数；短日照作物，如洋葱、大豆等，需要 12～14h 以下的光照时数；中日照作物，如黄瓜、番茄、辣椒等，在较长或较短的光照时数下，都能开花结实。

4.2　光照强度的表示方法

光照强度是选择人工光源的重要依据，目前对光照强度有很多种表述方法，主要包括如下 3 种。

（1）光照度（illumination）　是指受照平面上接受的光通量面密度（单位面积的光通量），单位：勒克斯（lx）。光照度表述的是人类能感觉到的光亮度，是一种和视觉灵敏度有关系的心理物理量。

与光照度相关的光通量则是按照国际约定的人眼视觉特性评价的辐射能通量（辐射功率），单位：流明（lm）。1 流明（lm）是指发光强度为 1 坎德拉（cd）的均匀点光源在 1 球面度立体角内发出的光通量。坎德拉表述的是每单位立体角（立体角：与以单位长度为半径的球体的表面积相同）的光通量，1cd 555nm 的单色光在单位立体角放射的电功率（放射束）为 1.46mW。

$$1 \text{ lx} = 1 \text{ lm} / \text{m}^2$$

（2）光合有效辐射照度 PAR（photosynthetically active radiation）　是指单位时间、单位面积上到达或通过的光合有效辐射（400～700nm）的能量，单位：W/m^2。

（3）光合有效光量子流密度 PPFD 或 PPF（photosynthetic photon flux density）即单位时间、单位面积上到达或通过的光合有效辐射 (400～700nm) 的光量子数，单位：$\mu mol/(m^2 \cdot s)$，主要指与光合作用直接有关的 400～700nm 的光照强度。

上述三种光照强度的表述方法经常在生产领域中应用，但由于描述的光照辐射范围不尽相同，这三个光强参数只有在同一光源或相同光谱特性的光源之间才可以互相转换。

目前，在植物生产领域，最常用的光照强度指标是光合有效光量子流密度 PPF，单位为 $\mu mol/(m^2 \cdot s)$，但由于现有光源都是为了人类照明的使用来开发的，为了更好地相互换算和比较，经常会用到补正视觉灵敏度的概念。为了更接近人类的光感，常用人类最敏感的绿色作为视觉灵敏度的最大估量单位。实际上，光合作用的光灵敏度与人眼的视觉灵敏度并不一致，例如，人眼最敏感的是 555nm 的绿光，而植物叶绿素对绿光几乎不吸收；相反，对光合作用非常有帮助的 450nm 蓝光的视觉灵敏度比（将人类对 555nm 绿光的眼睛的灵敏度作为 1 的一种相对灵敏度）却仅为 0.038。

也就是说，只达到同样能量的绿光的 4%，因此眼睛几乎感觉不到。表 4-2 显示的是对于各种波长的视觉灵敏度比 $V(\lambda)$ 的值。

图 4-3 表示的是光合作用与视觉灵敏度比以及光量子的波长依存性的关系曲线。光合作用光谱和等量子线的关系显而易见，植物对基本光量子单位的反应，与视觉灵敏度比并无共同之处，表明适合人类的光强单位并不适合植物，因此，需要对植物的光强单位进行进一步的调整和换算。

表 4-2　对于各种波长的视觉灵敏度比 $V(\lambda)$ 的值

波长 λ /nm	视觉灵敏度比 $V(\lambda)$	波长 λ /nm	视觉灵敏度比 $V(\lambda)$	波长 λ /nm	视觉灵敏度比 $V(\lambda)$
380	0.000039	515	0.608200	650	0.107000
385	0.000064	520	0.710000	655	0.081600
390	0.000120	525	0.793200	660	0.061000
395	0.000217	530	0.862000	665	0.044580
400	0.000396	535	0.914850	670	0.032000
405	0.000640	540	0.954000	675	0.023200
410	0.001210	545	0.980300	680	0.017000
415	0.002180	550	0.994950	685	0.011920
420	0.004000	555	1.000000	690	0.008210
425	0.007300	560	0.995000	695	0.005723
430	0.011600	565	0.978600	700	0.004102
435	0.016840	570	0.952000	705	0.002929
440	0.023000	575	0.915400	710	0.002091
445	0.029800	580	0.870000	715	0.001484
450	0.038000	585	0.816300	720	0.001047
455	0.048000	590	0.757000	725	0.000740
460	0.060000	595	0.694900	730	0.000520
465	0.037900	600	0.631000	735	0.000361
470	0.090980	605	0.566800	740	0.000249
475	0.112600	610	0.503000	745	0.000172
480	0.139020	615	0.441200	750	0.000120
485	0.169300	620	0.381000	755	0.000085
490	0.208020	625	0.321000	760	0.000060
495	0.258600	630	0.265000	765	0.000042
500	0.323000	635	0.217000	770	0.000030
505	0.407300	640	0.175000	775	0.000021
510	0.503000	645	0.138200	780	0.000015

注：来源于高辻正基：《完全制御型植物工厂》。

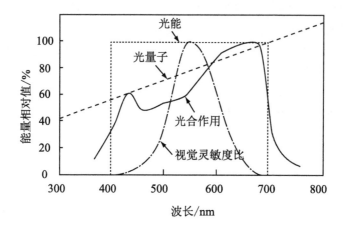

图 4-3　光合作用与视觉灵敏度比以及光量子的波长依存性
来源于高辻正基：《完全制御型植物工厂》

　　针对植物需求，一般植物工厂使用的光量（光能）和光强度单位分别是光量子流 μmol/s 和光量子流密度 μmol/(m² · s)，但由于经常也有人使用光通量 lm、光照度 lx 和功率 W/m² 单位，所以必须针对不同光源建立这些单位之间的换算系数。表 4-3 显示的就是常用光源的换算系数。为了计算不同单位的光强参数，最好通过换算系数将单位统一。

表 4-3　常用光源的换算系数

光源	[μmol/(m² · s)]/（W/m²)	lx/[μmol/(m² · s)]	(mW/m²)/lx
	400～700nm	400～700nm	400～700nm
日光直射光	4.57	54	4.05
日光散射光	4.24	52	4.53
高压钠灯	4.98	82	2.45
金属卤素灯	4.59	71	3.06
汞灯	4.52	84	2.63
暖白色荧光灯	4.67	76	2.8
白色荧光灯	4.59	74	2.94
A型植物生长荧光灯	4.80	33	6.31
B型植物生长荧光灯	4.69	54	3.95
白炽灯	5.00	50	4.00
低压钠灯	4.92	106	1.92

注：来源于高辻正基：《完全制御型植物工厂》。

4.3 各种人工光源及其特性

4.3.1 植物对人工光源的要求

植物对人工光源的要求主要体现在三个方面，即光谱性能、发光效率以及使用寿命等。

在光谱性能方面，要求光源具有富含 400 ～ 500nm 蓝紫光和 600 ～ 700nm 红橙光，适当的红色、蓝色光比例（R / B 比），适当的红光（600 ～ 700nm）、远红光（700 ～ 800nm）比例（R / FR 比），以及具有其他特定要求的光谱成分（如补充紫外光不足等），既保证植物光合对光质的需求，又要尽可能减少无效光谱和能源消耗。

在发光效率方面，要求发出的光合有效辐射量与消耗功率之比达到较高水平。发光效率的表示方法有：可视光效率（光效率）—— lm / W；光合有效辐射效率（辐射效率）—— mW / W；光合有效光量子效率（光量子效率）—— (mmol/s) / W 或 mmol / J。

在其他性能要求方面，希望使用寿命尽可能长一些、光衰小一些、价格相对低一些等。

4.3.2 植物工厂主要人工光源

到目前为止，植物工厂所使用的人工光源主要有高压钠灯、金属卤化物灯、荧光灯、发光二极管 (light-emitting diode，LED) 和激光 (laser diode，LD) 等。

（1）高压钠灯 高压钠灯是在放电管内充高压钠蒸气，并添加少量氙（Xe）和

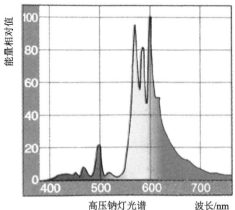

■ **图 4-4 高压钠灯及其光谱分布**

InfoAV China

汞等金属的卤化物帮助起辉的一种高效灯。特点是发光效率高、功率大、寿命长（12000～20000h）；但光谱分布范围较窄，以黄橙色光为主。由于高压钠灯单位输出功率成本较低，可见光转换效率较高（达30%以上），出于经济性考虑，早期的人工光植物工厂，尤其是小型植物工厂（如艾斯贝克希克公司的植物工厂）主要采用高压钠灯。但由于高压钠灯所发出的光谱成分主要集中在黄橙光波段（图4-4），缺少植物生长所必需的红色和蓝色光谱，而且这种光源还会发出大量的红外热，难以近距离照射植物，致使植物工厂的层间距加大（至少在800～1000mm，还需要增加降温水罩)（图4-5），不利于多层

■ 图4-5　高压钠灯植物工厂

立体式栽培。因此，近年来人工光植物工厂已经很少采用高压钠灯，即使使用也会采取一些降温措施（如采用玻璃隔离或降温水罩）减少热量向栽培床散失；针对光谱成分中蓝光缺乏的问题，通过在两个高压钠灯之间加入一些蓝色LED光源，以弥补蓝色光谱的不足。

（2）金属卤化物灯　在高压水银灯的基础上，通过在放电管内添加各种金属卤化物（溴化锡、碘化钠、碘化铊等）而形成的可激发不同元素产生不同波长的一种高强度放电灯（图4-6）。发光效率较高、功率大、光色好（可改变金属卤化物组成

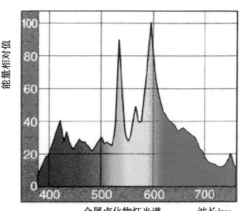

金属卤化物灯光谱　　　　波长/nm

■ 图4-6　金属卤化物灯　　　　■ 图4-7　金属卤化物灯的发光光谱

满足不同需要)、寿命较高(数千小时)。其发光光谱如图4-7所示,与高压钠灯相比,其光谱覆盖范围较大。同时为了改进其演色性,通过加入锂增加了植物所喜爱的红光。但由于发光效率低于高压钠灯,寿命也比高压钠灯短,目前仅在少数植物工厂中使用。

(3)荧光灯 低压气体放电灯,玻璃管内充有水银蒸气和惰性气体,管内壁涂有荧光粉,光色随管内所涂荧光材料的不同而异。管内壁涂卤磷酸钙荧光粉时,发射光谱范围在 350 ～ 750nm,峰值为 560nm,较接近日光(见图4-8)。同时,为了改进荧光灯的光谱性能,近年来灯具制造企业通过在玻璃管内壁涂以混合荧光粉制成了具有连续光谱的植物用荧光灯(见图4-9),改进后的荧光灯在红橙光区有一个峰值,在蓝紫光区还有一个峰值,与叶绿素吸收光谱极为吻合,大大提高了光合效率。

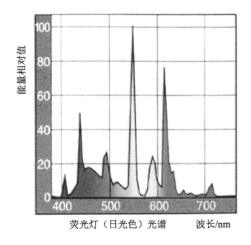

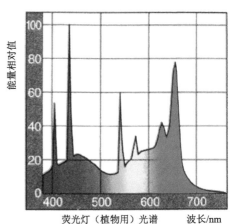

■ **图 4-8 荧光灯光谱组成**　　■ **图 4-9 植物用荧光灯光谱组成**

荧光灯光谱性能好,发光效率较高,功率较小,寿命长(12000 h),成本相对较低。此外,荧光灯自身发热量较小,可以贴近植物照射(见图4-10),在植物工厂中可以实现多层立体栽培,大大提高了空间利用率。但荧光灯自身也有不少缺陷,无论哪种类型的荧光灯都缺少植物需要的红色光(660nm 左右),为了弥补红色光谱的不足,通常在荧光灯管之间增加一些红色 LED 光源(见图4-11);而且直管型荧光灯中间的光照强度较大,因此还要设法通过荧光灯管的合理布局,使光源尽可能做到均匀照射;同时,荧光灯管一般不带有灯罩,照射时向灯管顶部和栽培床侧面会散射出较多的光,相应地减少了照射到植物体的光源能量。目前,国际上比较常用的方法是增设反光罩(见图4-12),尽可能增加植物栽培区的有效光源成分。

 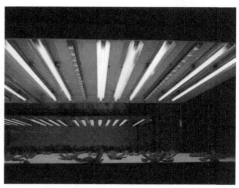

■ 图 4-10　荧光灯在植物工厂的应用
吉林长春

■ 图 4-11　红色LED与荧光灯联合使用
江苏南京

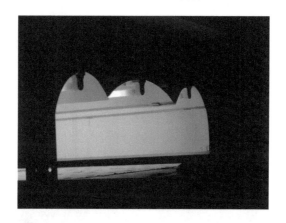

■ 图 4-12　带有反光罩的荧光灯
古在丰树

近年来，针对荧光灯存在的一些问题，在荧光灯基础上又出现了几种植物工厂使用的新型荧光灯，如冷阴极管荧光灯（CCFL）、混合电极荧光灯（HEFL）等，寿命长达数万小时，构造极其简单，还可制成很细的荧光灯具，备受植物工厂用户关注。

① 冷阴极管荧光灯（cold cathode fluorescent lamp，CCFL）。无需把阴极加热，而是利用电场的作用来控制界面的势能变化，使阴极内的电子把势能转换为动能而向外发射。当电子束与水银原子碰撞产生紫外光，管壁之荧光体在吸收紫外光后，产生可见光。其主要特征为：a. 寿命长，可达 50000h，是普通荧光灯的 3 ～ 8 倍；b. 光谱好，具有适宜于作物生长的红蓝光谱组合；c. 节能，比普通荧光灯节能30%以上；d. 低温，表面温度低，可近距离照射，节省空间；e. 低成本，成本仅为荧光灯的 2 倍左右。冷阴极管荧光灯及其在植物工厂的应用见图 4-13、图 4-14 所示。

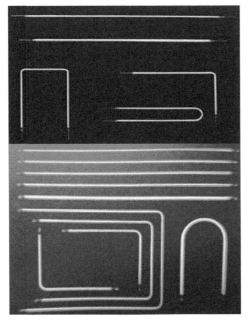

■ 图 4-13　冷阴极管荧光灯　　　　　　　　■ 图 4-14　冷阴极管荧光灯植物工厂

② 混合电极荧光灯（hybrid electrode fluorescent lamp，HEFL）。除同样兼具普通荧光灯的低成本、低发热等优点外，还可以根据植物生长需求提供红光、蓝光与远红光的光谱组合，使植物生长与发育处于最佳状态，达到与 LED 同样的省电效果。

优点：高亮度，高效率，长寿命，轻型化及省电低成本。成本仅为荧光灯的 2 倍左右。混合电极荧光灯及其在植物工厂的应用见图 4-15、图 4-16 所示。

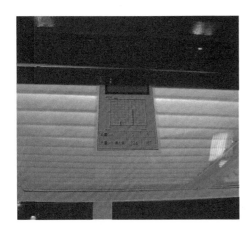

■ 图 4-15　混合电极荧光灯　　　　　　　　■ 图 4-16　混合电极荧光灯植物工厂

（4）发光二极管（LED）　发光二极管（light- emitting diode，LED），其发光核心是由Ⅲ～Ⅳ族化合物，如 GaAs（砷化镓）、GaP（磷化镓）、GaAsP（磷砷化镓）等半导体材料制成的 PN 结（如图 4-17 所示）。它是利用固体半导体芯片作为发光材料，当两端加上正向电压，使半导体中的载流子发生复合，放出过剩的能量而引起光子发射，产生可见光。LED 能够发出植物生长所需的单色光（如波峰为 450nm 的蓝光、波峰为 660nm 的红光等），光谱域宽仅为 ±20nm，而且红、蓝光 LED 组合后，还能形成与植物光合作用与形态建成基本吻合的光谱。LED 的开发与应用为密闭式植物工厂的发展提供了良好的契机，可以克服现有人工光源的许多不足，使密闭式植物工厂的普及应用成为可能。与普通荧光灯等相比，LED 主要具有以下显著优势。

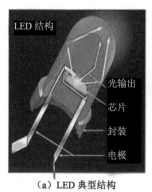

（a）LED 典型结构　　　　　　（b）PN结原理

■ 图 4-17　LED结构与原理

① 节能。LED 不依靠灯丝发热来发光，能量转化效率非常高，目前白光 LED 的电能转化效率最高，已经达到 80%，普通荧光灯的电能转化效率仅为 20% 左右，所以，白色 LED 的节电效果可以达到荧光灯的 4 倍。虽然不是所有颜色和波段的 LED 都能达到白色 LED 的节电效果，但是随着 LED 技术的迅猛发展，它已成为节能光源发展的一个重要趋势。

② 环保。现在广泛使用的荧光灯等人工光源中含有危害人体健康的汞，这些光源的生产过程和废弃的灯管都会对环境造成污染。而 LED 没有任何污染，并且发光颜色纯正，不含紫外和红外辐射成分，是一种“清洁”光源。

③ 寿命长。LED 是用环氧树脂封装的固态光源，其结构中没有玻璃泡、灯丝等易损坏的部件，耐震荡和冲击，寿命达 5 万小时以上，是荧光灯的 5 倍以上，是白炽灯的 100 倍。所以 LED 光源除节约能源与环保外，还能减少用于光源更换与维护的劳动力支出。

④ 单色光。LED 发出的光为单色光，能够自由选择红外、红色、橙色、黄色、绿色、蓝色等发光光谱，按照不同植物的需要将它们组合利用，不仅节省能耗，而且

还可提高植物对光能的吸收利用效率。

⑤冷光源。由于LED发出单色光,没有红外或远红外的光谱成分,是一种冷光源,可以接近植物表面照射而不会出现叶片灼伤的现象,并且它的体积小,可以自由地设计光源板的形状,极大地提高了光源利用率和土地利用率,有利于形成多段式紧凑型的栽培模式,适用于密闭植物工厂的集约型生产模式。

因此,LED光源被认为是密闭式植物工厂的理想光源。它的应用能够降低密闭植物工厂的能源消耗和运行成本,提高光能利用率和光环境的控制精度,促进密闭植物工厂的应用与推广。同时对解决环境污染、提高植物工厂的空间利用率、减少温室效应都具有十分重要的意义。

目前限制LED在植物工厂中广泛应用的主要因素是其较高的价格。虽然红色LED价格相对较低,但蓝色和白色的LED价格偏高。随着LED的普及和节能光源的进一步研发推广,LED光源的价格也在迅速降低,预计不久的将来LED会成为植物工厂最主要的人工光源。

4.3.3 各种人工光源性能分析

上一部分详细介绍了在植物工厂中常用的人工光源,如高压钠灯、金属卤化灯、荧光灯、发光二极管(LED)等,这些光源各有优势,又各有不同的缺陷,因此在实际生产中需根据不同的用途、光环境特性要求以及性能指标等相关情况,进行光源的选择。植物工厂使用的各种人工光源分光特性及其性能指标比较见表4-4和表4-5所示。

表4-4 各种荧光灯、金属卤化灯、高压钠灯及LED的分光特性

类别		荧光灯				金属卤化物灯	高压钠灯	发光二极管	
		白色标准型	白色三基色	红色	蓝色			红色LED	蓝色LED
光合有效光量子流密度 /[μmol/(m²·s)]		100	100	100	100	100	100	100	100
光量子流密度 /[μmol/(m²·s)]	300~400nm	3.1	3.9	3.7	2.2	7.2	0.6	0	0
	400~500nm	23.2	15.8	65.3	3.9	18.4	5.1	0	96.1
	500~600nm	52.8	39.5	32.0	30.7	55.9	58.4	0.2	4.0
	600~700nm	24.8	45.4	3.7	66.5	26.7	38.6	99.9	0.2
	700~800nm	8.9	9.0	3.3	23.2	8.7	8.2	0.2	0.2
R/FR (600~700nm)/(700~800nm)		2.79	5.08	1.10	2.87	3.09	4.71	562	0.98
R/FR (660nm±5nm)/(730nm±5nm)		3.81	9.70	2.70	8.01	2.74	6.03	4148	0.81
P_{FR}/P_R		0.76	0.79	0.69	0.76	0.77	0.78	0.67	0.82

表4-5 各种人工光源的特性指标比较

人工光源	功率/W	发光效率/(lm/W)	可视光比/%	使用寿命/h
荧光灯	45	100	34	12000
金属卤化物灯	400	110	30	6000
高压钠灯	360	125	32	12000
红光LED	0.04	20	90	50000

4.4 LED在植物工厂的应用

LED 具有单色、发热少、单体尺寸小、寿命长、无污染等诸多优点，近年来受到国内外植物工厂学者和用户的广泛关注，随着 LED 价格的不断下降，越来越多的植物工厂正在选用 LED 作为人工光源。

1994 年以来，日本开始试用 LED 作为植物工厂的照明光源，日本东海大学高辻正基教授和大阪大学中山正宣教授使用波长为 660nm 的红色 LED 加上 5％的蓝色 LED 的组合光源进行人工植物工厂的生菜和水稻栽培，获得成功。1997 年渡边博之采用水冷模板 LED 光源在植物工厂内种植蔬菜（见图 4-18），栽培方式为营养液膜法（NFT），作物选用生菜、芹菜等，蔬菜定植 2 周后即可收获，在 $800m^2(8m×10m×10$ 层) 的栽培面积上，每天生产蔬菜 5900 株，年产蔬菜 150 万株，植物培育效率（光合成所用的光能 / 灯管投入的电力）为 0.01，光能利用效率极高。

■ 图 4-18 LED植物工厂及其水冷装置
丸尾·達

2009 年 2 月，日本 FairyAngel 公司宣布，开始与 LED 照明厂商 CCS 联手，开发出使用 LED 照明的"AngelFarm 福井"蔬菜工厂，并希望取得效果后在日本进行推广。

国内有关 LED 在植物工厂的应用起步于 2006 年，中国农业科学院农业环境与可持续发展研究所于 2006 年 3 月建立了一座 $20m^2$ 的小型人工光植物工厂（见图 4-19），光源系统一半采用 LED，一半采用荧光灯，并配置有环境控制与水耕栽培系统，由计算机对室内环境要素和营养液进行自动检测与控制，这是中国第一个人工光植物工厂试验系统，也是第一个采用 LED 作为人工光源的植物生产系统。2009 年，该所又建成了 $100m^2$ LED 植物工厂试验系统（见图 4-20），先后有 10 多位博士、硕士生进行了人工光叶菜栽培、育苗以及药用植物培植的试验研究，取得了一大批原始数据，为我国植物工厂的应用奠定了基础。2009 年 9 月，该所还成功研制出了国内第一例智能型植物工厂，建筑面积为 $200m^2$，采用 LED 进行人工光育苗生产，取得了良好的运行效果。随后，在山东寿光、北京、广东珠海、江苏南京等地相继建立了规模不等的采用 LED 作为人工光源的植物工厂，大大推进了 LED 在植物工厂的应用。

■ 图 4-19 国内最早建立的LED植物工厂　　■ 图 4-20 LED植物工厂试验系统

以下介绍作者所在的课题组近年来利用 LED 光源在人工光植物工厂的试验研究情况。

4.4.1 LED在叶菜植物工厂的应用

光源辐射光谱的波长及其配比（R/B）是影响作物产量和品质最重要的光环境参数之一，是研制 LED 植物生长光源的重要依据。为此，中国农业科学院农业环境与可持续发展研究所和中国科学院半导体研究所于 2006 年合作研制开发出了两种类型的 LED 光源板——LEDA 型和 LEDB 型植物生长光源系统，并在植物工厂中对蔬菜栽培光环境参数进行了系统研究。LEDA 型光源板由波峰为 660nm 的红光 LED 与波峰 450nm 的蓝光 LED 组合而成，LEDB 型光源板由波峰为 630nm 的红光 LED 与波峰 460nm 的蓝光 LED 组合而成。LEDA 型光源的光谱组合被国内外广泛推荐，因此在本项试验中采用；而选择 LEDB 型光源主要是基于这两种光谱段为民用极为普及的光源，成本相对要便宜得多。LEDA 型与 LEDB 型两种光源均可以根据试验需要调节红蓝光比例、光合有效光量子流密度及灯板距作物的高度等参数。两种光源的基本参数见表 4-6 所示。

试验中将 LED 光源置于作物顶部 20cm 处。对照光源使用松下 36W 三基色荧光灯，置于作物顶部 30cm 处，并根据灯管的开启个数调节光强。试验设置有 6 个光质处理区（见表 4-7）、1 个荧光灯对照区 [CK，总光强为 154μmol/(m² · s)]。

表 4-6　LED蔬菜栽培光源的性能参数

参数		LED波峰/nm	灯珠使用数/（只/cm²）	最大光合有效光量子流密度/[μmol/(m²·s)]	电能转化效率/%	发光面尺寸（长×宽）/cm	重量/kg
LEDA型光源	红光	660	1.82	288	6.7	54×28	15
	蓝光	450	0.20	29	13		
LEDB型光源	红光	630	0.14	256	28	54×28	10
	蓝光	460	0.11	42	18		

表 4-7　光质处理区设置相关参数

试验区	红光LED有效光量子流密度（R）/[μmol/(m²·s)]	蓝光LED有效光量子流密度（B）/[μmol/(m²·s)]	总有效光量子流密度（∑PPFD）/[μmol/(m²·s)]	红光与蓝光有效光量子流密度比例（R/B）
LEDA1	132	22	154	6/1
LEDA2	136	17	153	8/1
LEDA3	140	14	154	10/1
LEDB1	131	23	154	6/1
LEDB2	136	17	153	8/1
LEDB3	139	14	153	10/1

如表 4-8 所示，LED 光源处理下叶用莴苣叶片光合速率均显著高于荧光灯对照，其中 LEDB2 处理的光合速率显著高于其他处理，而蒸腾速率、气孔导度和胞间 CO_2 浓度三项指标，各处理间均存在显著差异。其中 LEDA2 处理的蒸腾速率最大，但与 LEDB2 无显著差异，两处理均显著高于其他处理，而 LEDA1 与 LEDB1 显著低于荧光灯对照；LEDB2 处理的气孔导度显著高于其他处理，但是只有 LEDA2、LEDB2 和 LEDB3 三个处理显著高于对照；仅有 LEDA2 处理的胞间 CO_2 浓度显著高于荧光灯对照，LEDA3 和 LEDB3 与对照无显著差异。整体而言，LED 光源比荧

光灯更能促进叶用莴苣的光合速率，且 LEDA2 与 LEDB2 两个处理的各项光合指标均高于其他处理。

表 4-8　不同处理叶用莴苣叶片光合指标比较

处理	光合速率/[μmol/(m²·s)]	蒸腾速率/[mol/(m²·s)]	气孔导度/[mol/(m²·s)]	胞间CO₂浓度/[μmol/mol]
LEDA1	7.63±0.031bc	2.11±0.114cd	0.078±0.0040d	247.8±7.58d
LEDA2	7.88±0.073b	3.86±0.613a	0.165±0.0322b	332.8±16.98a
LEDA3	7.30±0.177c	2.42±0.046bc	0.098±0.0024d	294.8±4.66b
LEDB1	7.57±0.096bc	1.88±0.036d	0.053±0.0027e	275.9±9.87c
LEDB2	8.44±0.514a	3.62±0.168a	0.188±0.0126a	270.2±16.40c
LEDB3	6.45±0.281d	2.58±0.153b	0.137±0.0200c	295.2±20.18b
CK	5.70±0.138e	2.52±0.025b	0.086±0.0034d	306.8±1.40b
LEDA	7.60±0.291a	2.80±0.932a	0.114±0.0456a	291.8±42.58a
LEDB	7.49±0.998a	2.69±0.876a	0.126±0.0682a	280.4±13.10a

注：同列的不同小写字母代表 $P < 0.05$ 水平显著性检验，全书余同。LEDA 和 LEDB 分别代表两种波长处理的整体水平。

对于不同波峰的 LEDA 型和 LEDB 型光源，从总体上来看 LEDA 型光源处理的光合指标高于 LEDB 型光源的处理，但无显著差异。LEDB 型光源各处理的光合指标变化幅度大于 LEDA 型光源各处理，但是变化趋势相同，均表现为 R/B 为 8/1 的处理显著优于 R/B 为 6/1 和 10/1 的处理。LED 蔬菜栽培试验装置见图 4-21。

■ 图 4-21　LED蔬菜栽培试验装置

从图 4-22 中可以看出，在整体上，不同波峰的 LEDA 型和 LEDB 型光源各处理的维生素 C、硝酸盐和总糖含量的变化趋势一致，且 LEDA 型光源 3 个处理的维生素 C 和总糖含量均高于 LEDB 型光源下的 3 个处理，而硝酸盐含量均低于 LEDB 光源下的 3 个处理，但 LEDA2 与 LEDB2 之间均无显著差异。此外，两种光源均表现为：当 R/B=8/1 时，维生素 C 和总糖含量高于同一波峰的其他处理，硝酸盐含量低于同一波峰的其他处理。

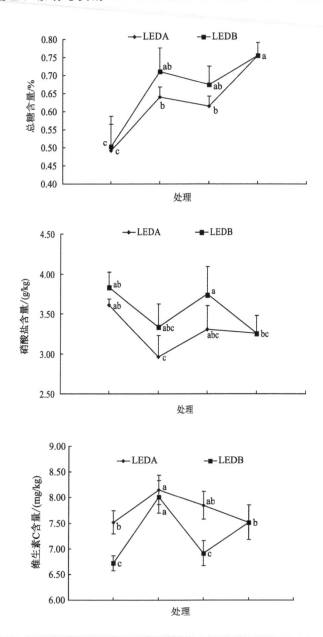

■ 图 4-22　不同光源处理下的叶用莴苣维生素C、硝酸盐和总糖含量

4.4.2　LED在植物育苗工厂的应用

种苗质量的优劣是决定作物产量和品质的关键，育苗工厂化已经成为高品质种苗生产的重要手段。常规种苗生产多是在温室环境下进行，由于育苗过程中的劳动力成本高、受环境影响大、品质难以控制等因素，种苗的规模化、商品化生产正受

到越来越多的挑战。因此，迅速提升育苗生产的专业化、规模化水平，大幅度提高种苗的品质、降低生产成本、满足日益增长的社会需求，已经成为现代育苗技术的重要目标。

LED 植物育苗工厂，其显著特征是在密闭系统中完全采用人工光进行多层立体式种苗繁育，系统内所有的环境因子均由计算机进行自动控制，受自然条件影响小，生产计划性强，生产周期短，自动化程度高，能显著提高育苗质量、数量以及土地利用率，是继温室育苗之后发展起来的一种高度专业化、现代化的种苗生产方式。LED 植物育苗工厂的核心技术之一是人工光源系统的设计，通过研究植物种苗对光环境的需求，确定基于 LED 光源的光环境优化参数，并以优化指标参数为基础，开发出相应的 LED 光源系统。

■ **图 4-23　人工光植物工厂培养架**

试验研究过程中，依据植物对光的吸收特点，选择 660nm 红色 LED 与 450nm 蓝色 LED 组合光源，进行了不同光强、不同 R/B 配比条件下的育苗试验，并以自然光与荧光灯为对照，探求适用于植物育苗的 LED 光环境优化参数，为 LED 植物育苗工厂的研制提供技术支撑。供试品种为黄瓜（千秋 3 号），试验装置采用培养架 1 和培养架 2（见图 4-23～图 4-25）。两个培养架均采用 NFT 栽培方式，其中培养架 1 的三层架均采用荧光灯进行试验，但每层架的光照距离不同，分别为 15cm、20cm、30cm（以下简称 LF15、LF20、LF30）三种处理。培养架 2 的三层全部采用 LED 光源进行育苗试验，光照强度分别设定为 250μmol/(m²·s)、150μmol/(m²·s)、100μmol/(m²·s)（以下简称 LED250、LED150、LED100）三种处理。光源装置由 660nm 红色和 450nm 蓝色 LED 组成，发光强度、光谱比例独立可调，红光最大光强为 220μmol/(m²·s)，蓝光最大光强为 42.9μmol/(m²·s)。试验方案安排如下：① 红蓝光光照强度比例设定为 R/B=9∶1；② 红光采用光照强度最大值，即 220μmol/(m²·s)，光源发光频率为 500Hz，光照距离为 10cm；③ 光照时间为明期 10h（每日 8：00 ～ 18：00）。

试验结果表明，在 LED 光源、荧光灯与温室自然光条件下进行黄瓜育苗的对比试验中，LED 光源条件下黄瓜苗生长的综合指标最佳（见表 4-9），其光合速率为 5.02μmolCO$_2$/(m^2·s)，达到了荧光灯的 363.8%（见表 4-10）。LED 处理的植株生长速率明显高于其他处理，表现为叶面积大、叶片数多、叶片生长速度快、扎根深、植株生长整齐一致，明显优于荧光灯以及自然光处理；而温室育出的黄瓜苗出现徒长现象，叶面积小，根的生长速度较慢。

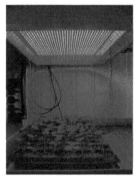

■ 图 4-24　不同光环境下黄瓜育苗试验对照

■ 图 4-25　不同光环境下黄瓜幼苗对照

LF15、LF20、LF30为荧光灯处理；CK为温室自然光处理

表 4-9　不同光源处理的黄瓜苗形态指标对比

处理	地上部鲜重/g	根鲜重/g	地上部干重/g	根干重/g	叶片数/片	叶面积/cm^2	株高/cm	根长/cm
LED	3.596a	0.639cd	0.289a	0.030bc	3.0ab	39.38bc	7.1b	21.4a
荧光灯	3.566a	0.76bc	0.297a	0.035b	3.0ab	45.59ab	6.3bc	18.3ab
自然光	4.026a	0.602d	0.326a	0.017c	2.4b	36.94c	13.5a	14.6b

表 4-10　密闭式植物苗工厂人工光源与温室自然光条件下黄瓜苗生理指标对比

处理	光合速率 / [μmolCO₂/(m²·s)]	气孔导度 / [molCO₂/(m²·s)]	胞间 CO₂ 浓度 / [μmolCO₂/mol]	蒸腾速率 / [molH₂O/(m²·s)]
LED	5.02b	0.143a	898.9a	3.73a
荧光灯	1.38c	0.074b	921.1a	2.26b
自然光	7.38a	0.120a	283.7c	3.21a

为了探明 LED 光质对黄瓜苗的影响，试验设计了红蓝光光照强度 R/B=20∶1、9∶1、7∶1、5∶1四个对照处理，结果表明：LED 光源 R/B=7∶1处理的黄瓜苗生长状况最佳（表 4-11、表 4-12），其光合速率最高；其次分别依次为 LED R/B=5∶1、LED R/B=9∶1 和 LED R/B=20∶1 处理。在 LED 光源与荧光灯进行的对照中，LED R/B=7∶1 处理与 LF10 处理在光照强度相同 [150μmol/(m²·s)] 的条件下，LED R/B=7∶1 处理条件下的光合速率为 5.4251μmolCO₂/(m²·s)，远高于荧光灯处理的光合速率 [2.7393μmolCO₂/(m²·s)]，说明在同一环境条件和光照强度下，LED 作为人工光源培育黄瓜苗要明显优于荧光灯。因此，黄瓜育苗工厂 LED 的光质比推荐 R/B=7∶1 较为适宜。

表 4-11　不同光质处理下的黄瓜苗形态指标对比

处理	地上部鲜重 /g	地上部干重 /g	根长 /cm	叶面积 /cm²	株高 /cm	茎粗 /cm
LED R/B=5∶1	1.556c	0.622b	14.76ab	38.2957c	5.82c	0.195c
LED R/B=7∶1	2.832a	0.978a	15.44a	59.5678a	8.28a	0.276a
LED R/B=9∶1	1.548c	0.544c	13.9b	45.1105b	5.70c	0.212bc
LED R/B=20∶1	1.734c	0.396d	13.82b	47.1819b	7.58b	0.208bc
荧光灯	1.508c	0.592bc	4.42c	41.9201b	4.42d	0.251ba

表 4-12　密闭式植物工厂内不同光质条件下黄瓜苗生理指标对比

处理	光合速率/ [μmolCO₂/(m²·s)]	气孔导度/ [molH₂O/(m²·s)]	胞间CO₂浓度/ [μmolCO₂/mol]	蒸腾速率/ [molH₂O/(m²·s)]
LED R/B=5∶1	5.2682a	0.0365a	1128.039c	1.3544ab
LED R/B=7∶1	5.4251a	0.0210c	1015.157c	0.8494d
LED R/B=9∶1	3.6684b	0.0372a	1433.750b	1.4152a
LED R/B=20∶1	2.1813c	0.0232b	1526.875b	0.9167cd
荧光灯	2.7393cd	0.0306ab	2332.727a	1.0335c

4.4.3　LED光源装置及控制方式

目前，针对植物工厂不同应用途径的要求，已经开发出了管状、板式等多种形式的LED光源装置，供生产用户使用。

（1）管状LED光源装置　为了更好地与T8、T5荧光灯灯管互换，目前已经研制出可替代T8、T5荧光灯的管状LED光源。这类光源由灯架、灯管、灯头等组成，灯架内安装有特定的整流器，可直接将220V交流电转化成可供LED使用的直流电，灯架两端各封接一个电极，并设置与普通荧光灯管同样标准的灯头，在完全不改变其他结构的条件下，就可用管状LED光源直接替换现有的荧光灯，安装使用方便。

这种管状LED光源，是在灯架内表面按一定比例均匀设置660nm红光、450nm蓝光和730nm远红光LED灯珠，根据光环境优化参数的研究结果，如生菜栽培设定LED红光/蓝光/远红光（R/B/FR）的比例为8∶1∶1，黄瓜育苗设定R/B/FR的比例为7∶1∶1等，进行合理配置。管状LED光源装置可以独立应用于植物工厂的生产，也可与荧光灯配合使用。

管状LED光源装置是植物工厂应用最为普遍的光源系统，既可用于叶菜栽培和育苗等，也可以用于植物组培、果菜类作物补光灯等。见图4-26。

（2）LED光源板及其配套装置　板式LED平面光源也是植物工厂重要的光源形式之一，由超高亮度的红光LED和蓝光LED两种光源组成，其中红光LED的峰值波长为660nm，蓝光LED的峰值波长为450nm，通过板面设计进行均匀交叉分布。为保持温度相对恒定，在光源板中部设有温度传感器，对光源板的中央温度进行实时监控，采用专用散热片与轴流风扇结合进行散热，以提高LED的工作效率及稳定性。光源的发光强度采用PWM控制方式，红、蓝LED两种光源的发光强度可实现分别调控，以满足不同植物对光环境的需求。

图4-27是设计完成的植物工厂使用的LED光源板，红光LED的电能转换效率为6.7%，蓝光LED的电能转换效率为13%（发光效率的单位应该为lm/W）；红光LED的发射光强度达到38W/m²，蓝光LED的发射光强度达到12W/m²；整个光源系统的光合有效光量子流密度可达255μmol/(m²·s)。发光面积与育苗盘尺寸吻合，以减少光能损耗。LED平面光源散热系统见图4-28所示。LED平面光源系统的性能参数见表4-13。

■图4-26　管状LED光源及其配套装置

■ 图4-27 LED平面光源系统　　　　■ 图4-28 LED平面光源散热系统

表4-13　植物育苗LED平面光源系统的性能参数

外形尺寸	L560mm×W360mm×H104mm
发光面尺寸	L550mm×W300mm
LED峰值波长	红光：660nm；蓝光：450nm
发光强度	红光：38W/m²；蓝光：12W/m²
发光均匀性	≤10%
光合有效光量子流密度	255μmol/(m²·s)
PWM占空比	1%～100%
PWM频率	500～5000Hz

LED 光源板可以用于植物工厂的叶菜栽培、育苗等，也可以用于植物组培等。

（3）LED 光源控制方式及效果　LED 光源装置与计算机之间采用 RS-485 通信方式连接，通过外接计算机调控 LED 光源板的发光强度、发光频率及开关时间。LED 光环境调控装置另外还外接一个控制盒，单色光的发光强度、发光频率可通过控制盒实现手动控制。LED 控制系统软件的主界面见图4-29。

LED 光环境调控装置实行 PWM 控制方式，从图4-30 可以看出，其占空比与LED 光源的发光强度之间呈线性关系。因此，在进行不同红蓝光比例（R/B）调控时，可以按照控制比例计算对应的占空比，实现单色光发光强度的调节。

光源板的温度对光照参数影响明显，试验表明（如图4-31 所示），在不启动轴流风扇散热的情况下，当光源板的温度从 25℃上升至 55℃时，红蓝两种 LED 光源的发光强度均呈线性递减趋势；但发光强度随温度的升高减少幅度不大，减少程度＜10%。且实际运行过程中在启动轴流风扇散热时，光源板的最高温度一般＜38℃，对光源板的性能及植物生产的效果影响并不显著。

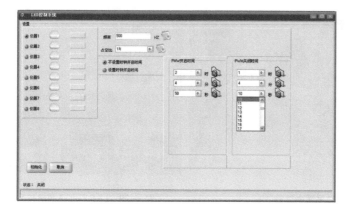

■ 图 4-29　LED控制系统软件的主界面

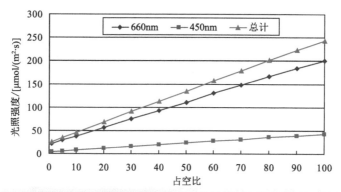

■ 图 4-30　PWM控制与光照强度之间的关系

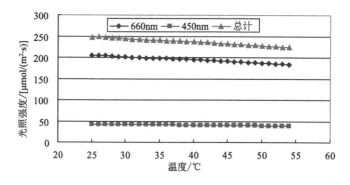

■ 图 4-31　光源板温度对LED光照强度的影响

第 **5** 章

营养液栽
培与控制
系统

目前，几乎所有的植物工厂均采用营养液栽培模式。营养液栽培（nutriculture）是一种利用营养液栽培植物的方法。这种模式不用土壤作为培养基质，而是将作物直接种植在装有一定量营养液的栽培装置中，或是种植在以砂、砾石、蛭石、珍珠岩、稻壳、炉渣、岩棉、蔗渣等非天然土壤为基质材料、采用营养液灌溉的栽培床上。由于营养液栽培完全与土壤条件无关，避免了土壤栽培经常出现的土传病害和盐类堆积，以及由此引起的连作障碍和各种病害，因此生产过程中不使用农药或少用农药，产品清洁无污染。而且，营养液栽培还可实现省工、节水、省肥，免去了土壤耕作的繁重劳动，改善了农业生产的劳动条件，实现了轻型农业和省力化栽培。因此，营养液栽培已经成为植物工厂重要的技术支撑。

5.1　营养液栽培的发展

人类对植物矿质营养的探索，可以追溯到公元前 600 年亚里士多德时代，但是目前比较公认的，有关植物矿质营养研究的最早科学报告是 1600 年 Belgion Jan Van Helmant 发表的著名的柳树实验。19 世纪中叶（1842 年）Wiegmen 和 Polsloff 第一次用重蒸馏水和盐类成功地培养植物，并证明了水中溶解的盐类是植物生长的必需物质。这一时期最杰出的代表人物是 Van Liebig（1803—1873），他证明了植物体中的 C、O 来自空气中的 CO_2，H 来自 H_2O，其他一些矿质元素均来自土壤环境。他的工作彻底否定了当时流行的腐殖质营养理论，建立了矿质营养理论的雏形，也奠定了现代"营养耕作"理论的基础。

1838 年德国科学家斯鲁兰格尔，鉴定出植物生长发育需要 15 种营养元素。1859 年德国著名科学家 Sachs 和 Knop，建立了直到今天还在沿用的、用矿质营养溶液培养植物的方法，并逐步演变和发展成为今天的实用化营养液栽培技术。

1920 年营养液的制备达到标准化，但这些都是在实验室条件下进行的，尚未应用于生产。1929 年美国加利福尼亚大学的 W.F. Gericke 教授，利用营养液成功培育出一株高 7.5m 的番茄，采收果实 14kg，引起人们的极大关注，被认为是无土栽培技术由试验转向实用化的开端。

1935 年一些蔬菜和花卉种植者，在 Gericke 的指导下，进行了大规模的生产实践，首次把无土栽培发展成具有商业规模的应用，面积最大的达 $0.8hm^2$。同时美国中西部发展了一些砂培和砾培的技术，水培技术也很快传到欧洲、印度和日本等地。Gericke 教授把无土栽培定义为"Hydroponics"（hydro 是"水"的意思，ponics 意为"耕作"）。

第二次世界大战期间，水培在生产上起了相当大的作用。在 Gericke 教授指导下，泛美航空公司在太平洋中部荒芜的威克岛上用无土栽培种植蔬菜，解决了航班乘客和部队服务人员吃新鲜蔬菜的问题。此后,英国农业部也对水培作物产生了浓厚兴趣,1945 年英国空军部队在伊拉克的哈巴尼亚和波斯湾的巴林群岛开始进行无土栽培种植,解决了吃菜靠飞机空运的问题。几乎在同一时期,科威特石油公司等单位也在圭亚那、西印度群岛、中亚等不毛沙地上运用无土栽培技术解决了其雇员吃新鲜蔬菜的难题。

由于无土栽培在世界范围内的不断发展,1955 年 9 月,在荷兰成立了国际无土栽培学会。当时只有一个工作组,成员仅 12 人。而到了 1980 年召开的第五届国际无土栽培会议时,会员人数已发展到 45 个国家的 300 人。据不完全统计,全世界目前关于无土栽培的研究机构,大约在 130 个以上。栽培面积也在不断扩大,新西兰 50％的番茄靠无土栽培生产,意大利的园艺生产有 20％采用无土栽培,荷兰是无土栽培面积最大的国家,其 11000hm^2 的温室几乎全部采用无土栽培。据统计,现在全世界已有 100 多个国家应用无土栽培种植作物。

日本作为土地资源极其匮乏的国家,多年来,积极研究和倡导无土栽培的应用,目前日本草莓总产量的 66％、青椒的 52％、黄瓜的 37％、番茄的 27％均采用无土栽培生产,总面积已达 2600 多公顷。在无土栽培技术研发方面,1961 年开始在与津园艺试验场开发出一种叫山崎小石耕法的栽培模式,但由于在实际操作中难以找到合适的小石头,以及小石头的价格暴涨、处理十分困难(清洗、消毒、残根的处理等)、人工处理成本过高、根腐病易于发生等现实问题,这种栽培法一直未能很好推广;随后,山崎等人吸收了小石耕法的教训,开发出了不用固体基质的循环式溶液栽培法,1969 年市场上开始出售塑料压制成型的营养液栽培设备,到 1979 年溶液栽培面积已达 262hm^2。这一时期,日本还研究出了小石耕与溶液栽培并用型、喷雾耕种法、喷雾耕种与溶液耕种并用型、熏炭栽培法等多种栽培方法;1980 年以后,从欧洲引进了 NFT 法和岩棉培的新型基质栽培方法,并获得不断推广。近年来,随着农业从业人员减少、高龄化、女性从业者增加等问题的日益突出,营养液栽培法在生产自动化、机械化、节约劳动力、提高产量等方面的优势引起了人们的关注,推广面积迅速扩大,2003 年达到了 1502hm^2,2010 年增长到 2600 hm^2。

我国无土栽培技术的研究与应用起步较晚,山东农业大学于 1975 年开始用蛭石栽培西瓜、黄瓜、番茄等,获得成功,1987 年在胜利油田推广面积达 6000m^2。在无土育苗方面,北京市朝阳区于 1987 年开始进行无土育苗并获得成功,目前全国无土育苗已占总育苗量的 33.5％。1985 年中国首次成立了无土栽培学组,并于 1986 年、1987 年召开了全国性的学术讨论会,出席者多达百人。1988 年 5 月,中国首次出席了在荷兰召开的第七届国际无土栽培学会的年会,并在会上发表了论文,引起了很多国家的重视。20 世纪 90 年代以来,无土栽培在我国取得了迅速发展,现在各种无土栽培模式,如基质无土栽培、水耕栽培等均有不同规模的推广应用,面积已达 10000hm^2 以上。

5.2　营养液栽培的方法与分类

营养液栽培的方法很多，其分类方式也各不相同，根据有无固体基质以及培养液的供给方式不同可分为以下几种常见类型。

5.2.1　按照有无固体基质材料的分类

营养液栽培的分类方式之一是根据栽培有无固体基质材料来划分，一般分为两大基本类型，即无基质栽培和固体基质栽培（见图5-1）。

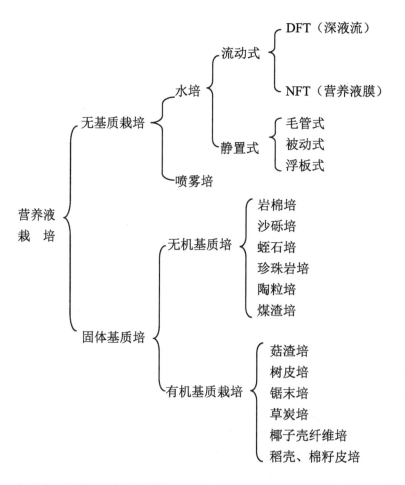

■ 图5-1　依据有无固体基质的营养液栽培分类

（1）无基质栽培　即没有固定根系的基质，根系直接和营养液接触，主要包括以下几种：①水培，如深液流水培（deep flow techniqne，DFT）、营养液膜栽培（nutrient film techniqne，NFT）、浮板毛管栽培（FCH）等；②喷雾培（spray culture）。

（2）固体基质栽培 即采用固定根系的基质材料，根系直接扎在基质上，依靠营养液灌溉施肥的栽培方式，主要有以下几种：①无机基质，包括岩棉、砂、石砾、蛭石、珍珠岩、炉渣等；②有机基质，包括锯木屑、蔗渣、草炭、稻壳、熏炭、树皮、麦秆等。

在人工光植物工厂中水培使用较为普遍，其中又以 DFT、NET 和喷雾培为典型代表。

DFT 是在比较深的培养床内注入定量的培养液，进行间歇、多次的循环，营养液在曝气的同时进行定时循环，或是栽培床之间进行循环流动，以保持足够的溶氧量。其显著优势是：① 设施内的营养液总量较多，营养液的组成和浓度变化缓慢，不需要频繁地调整浓度；② 床体中的热容量高，作物根圈温度变化不大，可以比较容易地进行温度调节；③ 营养液循环系统中有空气混入装置，很容易调节溶存氧，根部对养分的吸收率高；④ 可以在营养液循环过程中，对营养液浓度、养分、pH 值等进行综合调控，保持营养液的稳定性；⑤ 营养液仅在内部循环，不会流到系统外，因此不会或很少对周围水体和土壤造成污染；⑥ 适生作物的种类较多，除了块根、块茎作物外，生长期长的果菜类和生长期短的叶菜类作物皆可种植。但由于需要的营养液量大，贮液池的容积也要加大，成本相应增加；营养液经常处于循环状态，水泵运行时间长，动力消耗大；营养液循环在一个相对封闭的环境之中，一旦发生病原菌危害就有可能迅速传播甚至蔓延到整个种植系统。

NFT 是将排水槽或水道倾斜，从上部流下少量培养液，使培养液呈薄膜状覆盖于水槽，并与贮液箱来回循环。这种栽培方法种植的作物，作物根系只有一部分浸泡在浅层营养液中，绝大部分的根系裸露在种植槽潮湿的空气里，这样由浅层的营养液层流经根系时可以较好地解决根系的供氧问题，也能够保证作物对水分和养分的需求。同时，由于 NFT 生产设施中的种植槽主要是由塑料薄膜或其他轻质材料做成的，使设施的结构更为简单和轻便，安装和使用更为便捷，大大降低了设施的基本建设投资，更易于在生产中推广应用。

喷雾培是利用喷雾装置将营养液雾化后直接喷射到植物根系以提供其生长所需的水分和养分的一种营养液栽培技术，由于根部一直处于空气中，根部的养分吸收充分且易于控制，也不存在缺氧的问题。但这种方法和 NFT 一样无法应对停电或水泵发生故障等突发情况，需要进行更精细的管理。为此，近年来发展起来一种将雾喷培与 DFT 相结合的栽培模式，即将植物的一部分根系浸没于营养液中，另一部分根系暴露在雾化的营养液环境之中，所以又叫半喷雾培（semi-spray culture）。雾喷培技术较好地解决了营养液栽培技术中根系的水气矛盾，特别适宜于叶菜类作物的生产。

5.2.2　按照营养液的供给方式进行分类

根据培养液的供给方法不同，可分为循环利用营养液的封闭系统和按一定比例向外排出废液的非封闭系统两种形式（见图5-2）。

封闭系统又分为循环式和非循环式，NFT和DFT都是典型的循环利用营养液的系统，营养液在经过循环利用后回到营养液池（罐）中，经间歇停留或不停留继续循环使用。对于一些固体基质培，如岩棉培，通常是将培养液回收、过滤、消毒、补充营养后，再次循环利用；非循环式栽培除了毛细管水耕、被动水耕之外，还有将岩棉等固型栽培基质放在吸水苫布上，通过吸水苫布吸附大量培养液，从底部给液的保水苫布栽培法。

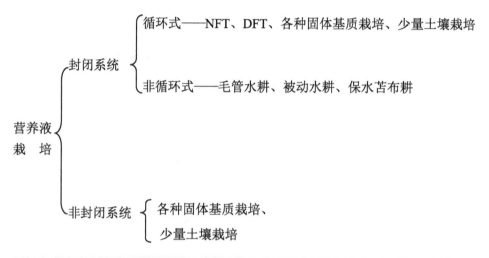

营养液栽培
- 封闭系统
  - 循环式——NFT、DFT、各种固体基质栽培、少量土壤栽培
  - 非循环式——毛管水耕、被动水耕、保水苫布耕
- 非封闭系统
  - 各种固体基质栽培、
  - 少量土壤栽培

■ 图5-2　依据营养液的供液方式进行的分类

非封闭系统中的非循环式栽培就是为了确保根部的养分平衡，将固体栽培基质内的培养液依照一定比例向系统外排放，但出于对环境保护的考虑，这种方式应逐步向封闭循环型转变。

5.3　营养液的管理

营养液是营养液栽培条件下植物生长的物质基础，有人称之为营养液栽培的核心。营养液的组成、浓度直接影响作物生长发育的速率，关系到作物的产量、品质和经济效益。因此，营养液管理是营养液栽培的重中之重。针对具体的栽培作物，选择适宜的营养液配方、合理的养分浓度水平与配比，给予最优的酸碱度，并对栽培过程中营养液的组分、性质进行检测和调控，是植物工厂生产的关键，也是保证作物产量和品质的重要措施。下面就相关内容分别进行介绍。

5.3.1　营养液的组成

营养液是由含各种矿质元素的化合物溶于水配制而成。其组成成分通常包括水和含矿质元素的化合物，有时也含有一些辅助物质。高等植物正常的生长必须有 16 种元素的合理供给，除碳、氢和氧可从空气和水中获得外，其余 13 种元素必须通过人为补充来供给。其中包括大量元素氮、磷和钾，中量元素钙、镁和硫，以及微量元素铁、锰、铜、锌、钼、硼和氯等。

5.3.1.1　组成原则

由于不同作物或同一种作物的不同品种的需肥情况不同，同一种作物在不同生育期的需肥规律也不一致，因此，以作物需肥规律为中心设计营养液的组成是确立营养液配方的首要原则。另外，需选择合适的化合物种类，以保证营养液中离子的生物有效性、溶液 pH 的稳定性。最后，从成本上讲，除微量元素以外，其他元素采用组成较为纯净的肥料即可，但必须不含有有害物质（有害元素等）。

5.3.1.2　营养液的浓度要求

营养液的总盐分含量应控制在一定的水平，对大多数作物而言，一般需将营养液的总盐分浓度控制在 0.4% ～ 0.5%。当然，具体的作物应根据其需肥的多少具体分析。电导率（EC）是指示溶液中离子浓度的重要指标，可用来检测营养液的盐类数量变化情况。现今，绝大多数的营养液栽培均采用 EC 作为营养液总盐分管理的指标。一般认为，在开放式营养液栽培系统中，营养液电导率应控制在 2 ～ 3mS/cm，而在封闭式营养液栽培的系统中，营养液电导率不应低于 2mS/cm。当营养液电导率小于 2mS/cm 时，就应该对营养液进行养分补充或替换。更换营养液是保证按原设计浓度向作物供给养分的最佳方法，但此方法的成本较高。现在，通常的做法是补加营养成分，可以是母液，也可以是固体物质。这种方法可延长一次注入营养液的使用时间，也可节省人力，但其缺陷也是明显的。首先，由于栽培实践中很少对营养液中元素的具体含量进行实时检测，很难准确把握亏缺元素的种类和数量。另外，作物在不同的生育期的养分需求规律不同，从而提高了向营养液中准确补加养分的难度，很容易造成养分的缺乏和过量，难以满足作物正常的养分需要，导致作物生长不良。这种伤害若发生在作物的营养最大效率期和养分的临界期时，损失尤为严重。因此，若能对营养液中的主要营养元素进行在线检测，使养分补充有的放矢，定量供给，实现营养液的精准管理将是未来植物工厂和营养液栽培技术发展的重要方向。营养液元素的在线检测技术已有一定的进步，其进展将在其他章节中进行介绍。

5.3.1.3 营养液氮素的选择

氮是作物需求量最大的元素,其有效供给形态有无机态氮和有机态氮两种。目前,在营养液栽培中主要以无机态氮为主。无机态氮包括铵态氮和硝态氮。就有效性而言,两种氮形态都是非常有效的氮源,但由于两者在植物体内同化机理不同,对营养液酸碱度的影响也不同,如硫酸铵和氯化铵均为生理酸性盐,铵离子被吸收同化的同时作物的根系释放出等量的 H^+,导致根际酸化,甚至使溶液的 pH 下降。H^+ 释放数量与铵离子的吸收量大致呈 1∶1 的关系。硝酸钠、硝酸钾和硝酸钙为生理碱性盐,硝态氮在体内同化时作物根系向根际释放氢氧根离子,可使 pH 上升。另外,选用何种氮素还要考虑植物的种类。一般来说,适应于酸性土壤上生长的嫌钙植物和适应于低氧化还原电位土壤条件的植物嗜好铵态氮;相反,喜钙的植物(偏爱在高 pH 石灰性土壤生长的植物)则优先利用硝态氮。对一般作物而言,同时使用两种氮肥形态往往能获得较高的生长速率与产量。

5.3.1.4 营养液的 pH

pH 表示的是水(溶液)中的酸碱度,是指溶液中氢离子(H^+)或氢氧根离子(OH^-)浓度(以 mol/L 表示)的多少。营养液的 pH 维持在 5.5 ～ 6.5 之间有利于多数植物的生长,因此营养液的工作溶液一般要进行 pH 调节。此外,在实际栽培中由于植物对养分的不断吸收,尤其是对氮素的吸收常导致溶液的 pH 波动,将影响植物根系的代谢活性以及某些营养元素的离子浓度。另外,由于营养液栽培作物的种植密度大、生长旺盛,根系生理代谢活跃,植物不断向营养液中释放大量的有机分泌物,也会影响溶液 pH 及其缓冲能力,甚至影响养分的生物有效性。因此,有必要对营养液 pH 进行实时检测,及时进行酸碱度的调节。

5.3.2 营养液的配制

5.3.2.1 配制原则

为了保证营养液内各元素对植物的有效性,在进行营养液配制过程中应遵循一定的原则。

① 任何全营养液配方中都含钙、镁、锰和铁等阳离子,以及硫酸根和磷酸根等阴离子,彼此结合有可能产生沉淀。在特定的温度和 pH 条件下,当其中的某些阴阳离子间的离子浓度累积超过其组成化合物的浓度时,就会产生沉淀,降低溶液中的离子浓度。因此,在化合物的选择、浓度设置上应考虑是否会产生沉淀这一因素。另外,在配制过程中,先将营养物质分类配制成母液是防止沉淀的有效方法。

② 水质的好坏也是影响营养液质量的重要因素。应在尽量降低成本的条件下,选用较高质量的水源。水质的衡量主要通过其硬度、pH 和氯化钠含量等指标来反映。一般要求水的硬度以不超过 10° 为宜,pH 应在 5.5 ～ 7.5 之间,氯化钠的含量应小于 2mmol/L。在这些指标中,水的硬度大小是最重要的一项指标,直接影响到营养

液质量。当水的硬度过高，即钙和镁离子的总浓度本底值很大时，很难配制出高质量的营养液。

5.3.2.2 配制技术

在实际生产中，营养液的配制方法有两种：母液稀释法和直接配制法。前者操作过程为：首先按照一定的原则进行化合物分类，分别配制成相应浓度的浓缩母液，需要时按照稀释倍数再配制成工作溶液用于栽培实践；后者是直接按需要称取各营养元素的化合物配制成工作溶液。无论何种方法，均应在一定程度上保证营养液的质量。

比较而言，母液稀释法具有一定的优越性。具体表现为：① 方法简便，易操作，工作量小。通过一次配制浓缩几百倍（大量元素）～几千倍（微量元素）的母液，可满足一定栽培规模作物较长时间的营养需要。② 易于保存，可很好地保持溶液中离子的生物有效性。可以通过对母液 pH 进行调节的办法，减缓甚至可防止营养元素的无效化过程，尤其是对铁元素最为有效；直接配制法体现了即配即用的原则，但也存在一些不足。在配制过程中很容易因一次加入的营养元素化合物过多，搅拌不及时，生成沉淀或溶解不彻底。实践中母液稀释法已被广泛应用，下面就对该方法的操作步骤进行介绍。

首先，应根据营养液配方和栽培规模计算各元素化合物的需要量，并确定母液的稀释倍数。然后，称取化合物，准备水源。母液的配制具有一定的原则，即按照不易产生沉淀的化合物混配的原则进行。一般而言，现在一般把全营养液的组分分成三个类群进行母液的配制，即 A 液：以钙盐为中心，凡不与钙盐形成沉淀的化合物均可放在一起溶解配制；B 液：以磷酸盐为中心，凡不与其产生沉淀的化合物可放在一起；C 液：将微量元素放在一起配制。母液配制完成以后，为了保证营养液的质量，可加入浓度为 1mol/L 的硫酸或硝酸酸化至 pH3 ～ 4。另外，C 液最好存放在棕色的容器中。在栽培需要时，将母液按稀释倍数稀释成工作溶液。

直接配制成工作溶液的步骤如下：首先，在盛放工作溶液的容器或种植系统中放入大约所需配制体积的 60% ～ 70% 的清水，量取所需 A 液的用量倒入，开启水泵循环流动或搅拌使其均匀，然后再量取所需 B 液的用量，用较大量的清水将 B 液稀释后，慢慢地将其倒入容器或种植系统中的清水入口处，用水泵将其循环或搅拌均匀，最后量取 C 液，按照 B 液加入的方法加入容器或种植系统中，即完成了工作溶液的配制。

5.3.3 营养液的调节与控制

营养液调节与控制是植物工厂栽培体系中的关键技术。作物的根系大部分生长在营养液中，吸收其中的水分、养分和氧气，从而使其浓度、成分、pH、溶解氧等都在不断变化。同时，根系分泌的有机物、少量衰老脱落的残根以及各种微生物等都会影响营养液的质量。此外，外界的温度也时刻影响着液温。因此，必须对上述诸因素的影响进行实时监测和调控，使其经常处于符合作物生育需要的状态。营养液调节与控制的重点涉及 EC、pH、溶解氧、液温等四个要素（见表 5-1 所示）。

表 5-1　营养液调节与控制重点

项　目	管　理　要　点
pH	pH值通常要保持在5.5～6.5范围内，该范围内养分的有效性最高，适用于多种作物。pH的调整通过营养液配方来选定，每一次调整变化的幅度不要超过0.5
EC	要用EC计来测定或自动在线检测与控制； 定期分析、化验原水和营养液，检测肥料中各种成分状况； 1.5～2.0mS/cm：这一指标表明根系发育与养分吸收状况良好，适宜于育苗时和定植后生长初期以及水分蒸发量多的高温期； 2.0～2.5mS/cm：这是一般性的使用浓度，不同的作物之间会有细微的差异； 2.5～4.5mS/cm：这个指标适宜于控制生育和水分等特殊的目的
营养液温度	不同的作物由于对养分、水分的吸收状况不尽相同，对营养液温度的要求也有细微差异，一般情况下，适宜的液温应保持在18～22℃； 液温低时（12℃以下）养分溶解度降低，根系生理活性减弱，容易出现磷、镁、钙缺乏症； 液温高时（25℃以上）容易出现根腐病，导致长势和品质下降
溶解氧	营养液中的溶解氧应保持4～5mg/L以上，避免缺氧烂根
营养液供给	供液调节与控制必须与水分蒸发量、液温、EC、pH、溶解氧含量以及栽培系统等因素协调起来，特别是根圈营养液浓度、pH与供液管理水平状况之间关系很大

5.3.3.1　pH 调节与控制

随着作物对水分和养分的不断吸收，营养液中的pH值也会随时发生变化。因此，pH 调节与控制对于保证作物正常生长十分重要，调节与控制不当将会造成根系发育不良甚至腐烂，植株长势弱化，出现某些元素缺乏症等生理障碍，进而导致产量和品质下降。

营养液的pH值因盐类的生理反应不同而发生变化，其变化方向视营养液配方而定。用 $Ca(NO_3)_2$、KNO_3 为氮钾源的多呈生理碱性，若用 $(NH_4)_2SO_4$、NH_4NO_3、$CO(NH_2)_2$、K_2SO_4 为氮钾肥肥源的多呈生理酸性。最好选用比较平衡的配方，使 pH 变化比较平衡，可以省去调整。

pH 上升时，用 H_2SO_4、H_3PO_4 或 HNO_3 去中和。用 H_2SO_4，其 SO_4^{2-} 虽属营养成分，但植物吸收较少，常会造成盐分的累积；NO_3^- 植物吸收较多，盐分累积的程度较轻，但要注意植物吸收过多的氮也会造成体内营养失调。应根据实际情况来考虑用何种酸为好。中和的用酸量一般不用 pH 值的理论计算来确定，因营养液中高价弱酸与强碱形成的盐类存在，如 K_2HPO_4、$Ca(NO_3)_2$ 等，其离解是分步的，有缓冲作用。因此，必须用实际滴定的办法来确定用酸量。具体做法是，取出定量体积的营养液，用已知浓度的稀酸逐滴加入，达到要求值后计算出其用酸量，然后推算出整个栽培系统的总用酸量。应加入的酸要先用水稀释，以浓度为 1 ~ 2mol/L 为宜，然后慢慢注入贮液池中，边注入边搅拌。注意不要造成局部过浓而产生 $CaSO_4$ 沉淀。

pH 下降时，用 NaOH 或 KOH 中和。Na^+ 不是营养成分，会造成总盐浓度的升高。K^+ 是营养成分，盐分累积程度较轻，但其价格较贵，且吸收过多会引起营养失调。应灵活选用这两种碱。具体实施过程中可仿照以酸中和碱性的做法。这里要注意的是局部过碱会造成 $Mg(OH)_2$、$Ca(OH)_2$ 等沉淀。

5.3.3.2　EC 调节与控制

通常配制营养液用的水溶性无机盐是强电解质，其水溶液具有很强的导电性。电导率（EC）表示溶液导电能力的强弱，在一定范围内，溶液的含盐量与电导率呈正相关，含盐量愈高，电导率愈大，渗透压也愈大。EC 的常用单位为 mS/cm（毫西门子 / 厘米）。

营养液浓度直接影响到作物的产量和品质。由于作物种类和种植方式的不同，作物吸收特性也不完全一样，因此，其浓度也应随之调整。一般来讲，作物生长初期对浓度的要求较低，随着作物的不断发育对浓度的要求也逐渐变高。同时，气温对浓度的影响也较大，在高温干燥时期要进行低浓度控制，而在低温高湿时期浓度控制则要略高些。此外，在固体基质栽培条件下，要实行较高浓度的控制。

EC 与营养液成分浓度之间几乎呈直线关系，即营养液成分浓度越高，EC 值就随之增高。因此，用测定营养液的电导率 EC 值来表示其总盐分浓度的高低是相当可靠的。虽然说 EC 只反映总盐分的浓度而并不能反映混合盐分中各种盐类的单独浓度，但这已经满足营养液栽培中控制营养液的需要了。不过，在实际运行中，还是要充分考虑到当作物生长时间或营养液使用时间较长时，由于根系分泌物、溶液中分解物以及硬水条件下钙、镁、硫等元素的累积，也可以提高营养液的电导率，但此时的 EC 值已不能准确反映营养液中的有效盐分含量。为了解决这个问题，高精度控制通常是在每隔半个月或一个月左右对营养液进行一次精确测定，主要测定大量元素的含量。根据测定结果决定是否调整营养液成分直至全部更换。

5.3.3.3　液温调节与控制

根际温度与气温对作物生长的影响具有一定的互动性，水培管理中可以通过对营养液液温的调控来促进作物的生长。无论是 DFT 还是 NFT 栽培模式，稳定的液温都是十分重要的。它可在一定程度上减轻气温过低或过高对植物生长的影响。一般说来，适宜的液温为 18 ~ 22℃，如果高温超过 30℃或低温在 13℃以下时，作物对养分和水分的吸收就会与正常值发生很大变化，进而对作物的生长、产量、品质都会造成严重影响。因此，要综合考虑作物的种类、栽培时期、室内温度和日照量等因素来确定和调整适宜的营养液温度。

在具体调控过程中，液温的调控还必须根据季节和营养液深度的不同采取不同的方法。NFT 设施的材料保温性较差，种植槽中的营养液总量较少，营养液浓度及温度的稳定性差，变化较快。尤其是在冬季种植槽的入口处与出口处液温易出现较为明显的差异。在一个标准长度的栽培床内的液温差有时高达 4～5℃，这样即使在入口处经过加温后，营养液温度达到了适宜作物生长的要求，但是，当营养液流到种植槽的出口处时，液温也会有所降低，而且液温的降低与供液量呈负相关关系，即供液量小的液温降低幅度较大。相比之下，DFT 方式在这方面的反应则不那么明显。人工光利用型植物工厂是在全天候环境控制的密闭空间内进行的，液温控制效果好，而太阳光利用型植物工厂就必须因地制宜地采取相应的液温调控措施。

液温的调控技术主要有加温和降温两个方面，加温技术手段主要有如下几种。

① 管道加温。采用热水锅炉，将热水通过贮液池中的不锈钢螺纹管加温，也可以用电热管加温。前者适用于大规模生产，后者适用于生产试验等，有条件的还可以利用地热资源。

② 稳定液温。包括适当增加供液量，采用保温性能好的材料制作种植槽，将贮液罐（池）建在保温好的环境下等。

③ 铺电热线。主要是在冬季持续低温时，将电热线铺于栽培床的塑料薄膜之下来提高液温，或将电热线缠绕在一个木制或塑料框架上，放到营养液池中加温并用控温仪控制。

降温手段主要有如下几种。

① 降低室温。通过通风降温、空调等方式，降低室温。

② 地下建贮液池。有条件的地方多是先将贮液池（罐）建于地下，以减少地上部空气温度的影响。

③ 冷水降温。方法很多，可以利用深井水或冷泉水，通过埋于种植槽中的螺纹管进行循环降温。也可以利用制冷机组产生的冷气强制降温。

5.3.3.4　供液调节与控制

尽管供液方式与调控方式随营养液栽培模式的不同而各有差异，但都必须以满足作物对水分、养分、溶解氧的需求为前提。各种栽培模式都必须与其相应的供液调控系统相匹配，促进根部生长，提高地上部的生产效率。这里仅就 DFT 和 NFT 两种水耕栽培模式的供液调控方法做简要介绍。

（1）DFT 水耕栽培供液管理　DFT 是一种对溶解氧依赖型的栽培模式。要对营养液不断地增加氧的含量，通过在栽培床里和营养液罐里装有空气混入器，或者是在供液口安装有空气混入装置，使营养液中的溶解氧处于饱和状态。通常情况下，采取间歇性供液，即水泵开启 10～20min，然后停止 30～50min，也可以采取连续供液方式，以最大限度满足作物根圈对氧的需求。

在这个栽培模式中，根圈的温度与营养液温度几乎一致。要根据根圈温度管理的需要来确定供液时间和停止时间。

（2）NFT 水耕栽培供液管理　这种方式通常是在宽 30 ～ 60cm、长 20m 的栽培床上，营养液流量为 4 ～ 6L/min，在根量较少、根垫未形成之前，采取连续供液，待根部发育起来之后再间歇供液。间歇供液采取 10 ～ 20min 供液，30 ～ 50min 停止。但如果间歇时间过短，供液时间过长，补氧作用就差；反之间歇时间过长，供液时间过短则流入的营养液就少，影响植株对水肥的吸收。要根据栽培床的坡度和温湿度进行调控，以避免作物缺水凋萎。

供液调节与控制中还有一个重要的环节就是营养液流动。在使用 NFT 和 DFT 水耕栽培方式时，营养液必须处于流动状态才能促进植物生长。通过流动，不仅可以溶解营养液表层的氧，而且还可以使根圈溶存氧、肥料成分的浓度比例均衡，促进其吸收；流动还有利于养分吸收，尤其是在养分浓度低的时候效果更为显著。流动速度的试验表明，生菜栽培的流速以 1.5 ～ 3cm/s 为宜，其他作物的流速会有所差异，但变化不大。

5.4　营养液循环与控制技术

5.4.1　必要性分析

长期以来，植物工厂一直沿用开放式营养液栽培系统，即营养液在使用一段时间后形成的废液不经任何处理，直接排放到周边的土壤或水体环境，造成对周边环境的污染。近年来，随着环保意识的增强，以及营养液在线检测技术的快速发展，国际上正逐渐使用封闭式营养液栽培系统取代开放式系统。封闭式营养液栽培系统是指通过一定的工程技术手段将灌溉排出的渗出液进行收集，再经过过滤、消毒、检测、调配后反复利用的营养液栽培方式。通过营养液的循环利用，避免了因废弃营养液排放造成的环境污染，具有环境友好、水分和养分利用率高等优点，目前正被世界各国广泛采用。因此，对于人工光植物工厂来说，采用封闭式无土栽培及其循环控制技术显得更为重要，不仅可以大大节约系统的水和养分资源，而且还可避免营养液向外界直接排放、污染环境。封闭式无土栽培系统主要由栽培装置、营养液回收与消毒系统、营养液成分检测与调配系统等部分构成（见图5-3）。

封闭式无土栽培系统具有环保、易调节与控制等优势，但同时也对营养液消毒、检测与调配等系统提出了更高的要求。在连续栽培条件下，营养液中营养元素浓度及营养元素间比例因植物选择性吸收而逐渐偏离配方值，并随栽培时间的延长而加剧，造成部分元素的大量盈余或亏缺。不仅如此，这种栽培模式下的病害及其传播问题也日益引起人们的关注，尤其是水耕栽培更为突出。封闭循环栽培过程中出现的一些游动孢子（zoospore-producing）、微生物腐霉属（*Pythium*）和疫病属（*Phytophthora* spp.）等病原微生物特别适应于水体环境，并可能因营养液的不断循环而加速传播。另外，无土栽培中由于根系分泌和有机栽培基质的分解产生植物毒性物质（phytotoxic substances），营养液中的总有机碳含量（TOC）提高，也助长了病害的发生。因此，营养液在循环使用中必须进行彻底的灭菌消毒，否则一旦栽培系统中有一株感染根传染病害，病原菌将会在整个栽培系统内传播，从而造成毁灭性的损失。

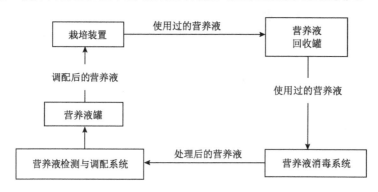

■ 图 5-3　植物工厂封闭式无土栽培系

更为重要的是，在多茬栽培后营养液中将大量累积植物毒性物质并抑制栽培作物的生长。植物的毒性物质主要以酚类和脂肪酸类化合物为主，如苯甲酸、对羟基苯甲酸、肉桂酸、阿魏酸、水杨酸、没食子酸、单宁酸、乙酸、软脂酸、硬脂酸等，现已证实，大多数叶菜（生菜等）和果菜（豌豆、黄瓜、草莓等）均可分泌释放自毒物质，造成蔬菜产量下降。Lee 等发现，生菜栽培二次利用的营养液中会累积大量的有机酸，对其生长产生危害。因此，在封闭式营养液栽培系统中，营养液自毒物质和微生物的去除是极为必要的，可有效避免自毒和化感作用以及病害的发生，提升封闭式营养液栽培系统的可持续生产能力。

目前，植物工厂封闭式栽培系统营养液循环与控制着重需要解决三个关键问题：① 营养液中营养元素的调配技术与装备；② 营养液中微生物的去除；③ 营养液中的有机物质，特别是植物毒性物质的去除。

5.4.2　养分及理化性状调控

对封闭式无土栽培系统而言，在营养液植物吸收利用后其养分组成会发生明显变化，系统中营养元素的数量及比例已不再适宜于所栽培植物的需求，必需进行养分的补充和调配。一般是通过检测 EC 和 pH 等相关参数，按照 5.3.2、5.3.3 介绍的方法，根据植物的需要进行调控。近年来，随着营养元素专用传感器技术的发展，在线检测技术取得了快速进展，部分营养元素已经可以实现在线检测与实时调配，预计在不久的将来，植物工厂有望实现对各种单一营养元素的在线检测与智能化调配。

5.4.3 微生物去除技术

营养液微生物的去除技术是封闭式无土栽培系统的核心，目前，国内外营养液微生物去除方法主要有高温加热、紫外线照射、臭氧、慢砂滤等消毒方法，但多数物理方法，如紫外线照射、高温和臭氧处理等不仅杀死了有害微生物，也杀死了有益微生物，因此应针对不同需要加以选用。

5.4.3.1 臭氧杀菌法

臭氧是一种非常强的氧化剂，几乎可以与所有活体组织发生氧化反应。如果有足够的曝气时间和浓度，臭氧可以杀灭水中的所有有机体。因此，国内外在利用臭氧对营养液消毒方面，进行了很多研究，但臭氧消毒也存在速度慢、效果不稳定等缺点。

5.4.3.2 紫外线杀菌

紫外线杀菌是通过紫外线对微生物进行照射，以破坏其机体内蛋白质和DNA的结构，使其立即死亡或丧失繁殖能力。紫外线消毒的使用剂量因杀灭对象的不同而异。Runia提出在营养液灭菌时，杀死细菌和真菌需要的剂量是$100mJ/cm^2$，杀死病毒的剂量是$250 mJ/cm^2$。紫外线消毒的效果受营养液中透射因子的影响，隐藏在悬浮颗粒背后的病菌难以被杀死。

5.4.3.3 高温消毒

加热消毒方法具有消毒彻底、栽培风险小等优点，但也存在设备及运行成本高等缺点。研究表明将营养液加热到85℃并滞留杀菌3 min，或加热到90℃滞留杀菌2min，可以实现对营养液的彻底消毒。

5.4.3.4 联合消毒

单独采用臭氧或紫外线的方法对营养液进行灭菌，都存在一定的缺陷，因此，也有采用"臭氧＋紫外线"来处理营养液，扬长避短，发挥各自优势，从而达到更好的灭菌效果。宋卫堂等（2011）为了充分利用紫外线、臭氧在营养液消毒上的优势，研制出了一种"紫外线＋臭氧"组合式营养液消毒机，设备由紫外线消毒器、4个文丘里射流器、臭氧发生器、自吸泵、ABS管路及自动控制设备等组成。工作时，灌溉后回收的营养液首先由自吸泵提高压力后以一定流速通过文丘里射流器的喉管，在此形成负压将臭氧发生器的臭氧吸出并与营养液充分混合，从而杀灭营养液中的病原微生物；随后，营养液再经过紫外线消毒器，在紫外线的照射下进一步杀灭病原微生物。通过对180天番茄栽培试验的营养液进行UV、O_3、UV+O_3三种方法的灭菌性能测试表明：主要微生物（细菌、真菌、放线菌等）总的消毒效果三种方法分别达到了70.6%、15.9%和89.9%。可以看出，"紫外线＋臭氧"组合式消毒，达到了比单一灭菌方法更好的灭菌效果，可以较大幅度地提高消毒效率。

5.4.4　自毒物质去除技术

营养液长期循环使用，根系分泌及根系残留物分解释放的自毒物质累积于营养液中，对植物的生长会产生抑制作用，造成植物减产、品质下降。因此，为了使植物工厂封闭式无土栽培系统中植株健康生长，保证作物的高产优质，营养液中自毒物质的去除显得尤为重要。目前，营养液自毒物质的去除主要有更换营养液法、活性炭吸附法和光催化法等三种方法。

5.4.4.1　更换营养液法

更换营养液法是指在营养液利用一段时间后，通过更新营养液的方法去除原来营养液中的自毒物质。很明显，此方法不适合封闭式无土栽培方式。

5.4.4.2　活性炭吸附法

活性炭吸附法是一种去除营养液中自毒物质的有效方法。Yu 等和 Lee 等发现用活性炭处理可有效去除营养液中累积的根分泌有机酸，但 2g/L 的活性炭起效剂量成本较高，很难在实际生产中应用；其次，活性炭在吸附有机物质的同时也会吸附一部分养分（尤其是磷），造成营养液中养分比例失衡，加剧了营养液智能控制的难度。活性炭可有效去除营养液中的自毒物质，减缓由于自毒物质累积对植物生长产生的抑制作用，但这种去除的效果是有限的，因为活性炭并不能吸附所有的自毒物质，当这些不被吸附的自毒物质在营养液中累积过高时，活性炭的减缓作用也相应减小。

5.4.4.3　光催化法

（1）光催化法原理　光催化法是一种新兴的水净化方法。光催化原理是当纳米二氧化钛（TiO_2）被大于或等于其带隙（380nm 左右）的光照射时，TiO_2 价带的电子可被激发到导带，生成电子、空穴对并向 TiO_2 粒子表面迁移，在 TiO_2 水体中，就会在 TiO_2 表面发生一系列反应，最终产生的具有很强氧化特性的 OH 和 O_2^- 可以

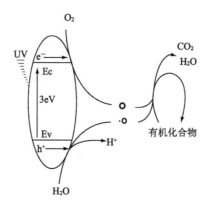

■ 图 5-4　光催化反应原理

将有机物氧化分解为CO_2、H_2O和其他无机小分子。该方法是利用纳米TiO_2吸收小于其带隙波长的紫外光所产生的强氧化效应，将吸附到其表面的有机物分解成二氧化碳，达到去除植物毒性物质的方法（见图5-4）。光催化方法是去除循环营养液中有机物质的好方法，具有高效、无毒、无污染、可长期重复使用、不影响蔬菜产量和品质、能将有机物彻底氧化分解为CO_2和H_2O以及广谱的杀菌性等优点。在植物工厂中，光催化可有效去除有机物和微生物，甚至可取代消毒装置，节省消毒成本。

（2）光催化法应用 TiO_2的光催化特性已被广泛应用到空气、水等环境介质的污染处理中，而在营养液的自毒物质去除应用方面目前才刚刚开始。Miyama等研发了一套自然光光催化系统，用于降解设施番茄无土栽培基质（稻壳）所产生的植物毒性物质（见图5-5，彩图见文前），取得了显著的去除效果。Sunada等用同样的方法试验研究了水培芦笋自毒物质的降低效果（见图5-6），结果表明，在黑暗条件下，TOC浓度降低到一定值之后，不再变化，这是由于水培芦笋营养液中的毒性物质吸附在TiO_2表面引起的，当开启紫外灯后，TOC浓度继续降低，光催化4天后，TOC浓度降低了90%，说明TiO_2光催化可有效去除水培芦笋营养液中的毒性物质（见图5-6）。在实际栽培试验中，营养液经过光催化处理系统中芦笋的产量是营养液未经光催化处理系统中芦笋产量的1.6倍。另一试验表明，番茄无土栽培营养液经TiO_2光催化处理后，连续栽培6茬，营养液TOC始终维持在较低水平（5～20mg/L），而营养液未经处理的番茄无土栽培系统的营养液TOC明显偏高（100～200mg/L）。这些研究表明，光催化方法在去除自毒物质方面是可行的，具有成本低、节能环保、效果持久、可控性强、便于应用和维护等优点，在去除自毒物质的同时还兼具杀菌功能，应用前景极为广阔。

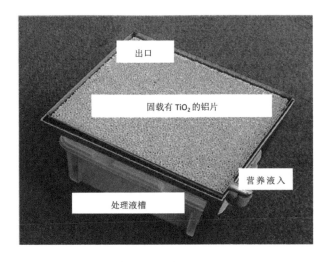

■ **图 5-5　自然光TiO_2光催化系统**

在国内，光催化用于设施无土栽培或植物工厂的研究刚刚起步。2011年中国农业科学院农业环境与可持续发展研究所推出了两种用于设施无土栽培或植物工厂应用的人工光光催化系统。一种为柱状 TiO_2 光催化装置（见图5-7），该系统采用镍或不锈钢网固载 TiO_2，内部装有一支254nm紫外灯管；另一种为 TiO_2 光催化箱，采用瓷砖固载 TiO_2，光源采用254nm紫外灯（见图5-8）。初步试验表明，采用10nm TiO_2 和254nm紫外灯组合光催化系统，可显著降低水培生菜营养液中累积的根分泌物（见

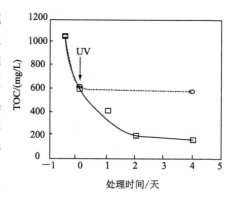

■ 图5-6　TiO_2光催化去除水培芦笋营养液中的毒性物质

表5-2）。由表5-2可知，随着光催化时间的延长，根分泌物逐渐被降解，说明 TiO_2 光催化对水培生菜营养液处理有显著的效果。

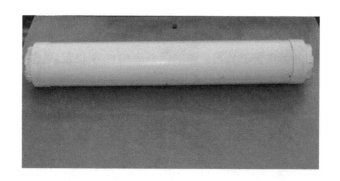

■ 图5-7　柱状TiO_2光催化装置

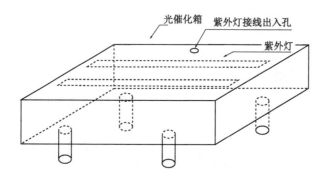

■ 图5-8　TiO_2光催化箱

表 5-2　不同固载量TiO₂光催化降解水培生菜营养液根分泌物效果　　　　　单位：mg/L

TiO₂固载量	2h	4h	6h
G0	10.18a	8.54a	9.15a
G1	7.92b	6.77b	6.03b
G2	6.98b	5.92bc	5.34b
G3	6.78b	5.42c	5.75b

注：1.G0代表瓷砖表面未固载TiO₂，G1代表瓷砖表面的TiO₂的固载量为11g/m²，G2代表瓷砖表面的TiO₂的固载量为22g/m²，G3代表瓷砖表面的TiO₂的固载量为33g/m²。

　　2.同列数据后不同字母表示差异达5%显著水平。

5.5　营养液栽培与控制系统应用案例

5.5.1　营养液栽培与控制系统构成

5.5.1.1　水耕栽培床及其结构

为了更好地描述营养液栽培与控制系统在植物工厂的应用，现介绍一套实用的案例。本案例位于中国农业科学院院内，营养液栽培模式选用深液流（DFT）方式，全套系统由四个栽培床及其相应的配套装置组成。DFT栽培床骨架采用热镀锌方管焊制，每个栽培床长400cm、宽40cm、高100cm，栽培床呈水平放置（见图5-9）。每个栽培床上并排设置两个栽培槽，每槽设计有独立的供液和回液系统。栽培槽采用聚苯材料，经模具热压成型，分为槽底和槽盖两部分，外型尺寸见图5-10。栽培槽设计的主要特征为：① 两种栽培床底槽的高度和深度一致，既适用于深液流栽培也适用于浅液流栽培；② 栽培槽采用分体设计，其长度可任意拼接，结构稳定，不易变形，更适用于不同环境和不同场地的设置；③ 专用槽堵增强了栽培床的密封性和整体性；④ 盖板具有多个"隐形定植孔"，可根据不同作物的栽培需要选择打开孔数和位置；⑤ 每个定植孔周围均凸起高于板面，有效地避免盖板上的积水、尘土、昆虫等杂物进入槽内对营养液造成污染；⑥ 底槽和盖板连接均设计为搭接咬合及镶嵌结构，接口平整，封闭严密，稳定牢固；⑦ 聚苯板

■ 图 5-9　DFT栽培床

厚 20mm，阻断了与外界的空气交换，保证了槽内营养液的温度。

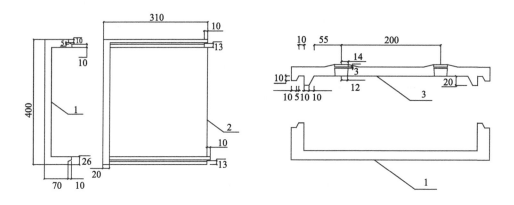

■ 图 5-10　栽培床结构及尺寸（单位：mm）

1—槽底；2，3—槽盖

5.5.1.2　封闭式营养液循环系统

营养液供给采用封闭式循环系统结构（见图 5-11），由供液管路、进液口、栽培床、回液口、回液管路和营养液池等部分组成，可实时进行营养液的供给和自动调配。营养液池是营养液供给、回收和调配的核心，通过四个与之相连、分别装有大量元素、微量元素、酸液和碱液等母液的调配罐，随时进行营养液的 EC 与 pH 的调整。

■ 图 5-11　DFT供、回液管道与供液泵

5.5.1.3　液温调控和增氧设施

营养液的温度与溶氧调控是保证作物根系正常生长和养分吸收的关键，营养液的加温采用电加热器直接对营养液池进行加温，降温采用冷却水蒸发器来实现（见

图 5-12）。通过增温和降温处理，可实现对营养液的温度调节与控制。同时，为了满足栽培系统溶氧量的需要，系统安装有增氧和曝气装置（见图 5-13），在需要时为营养液池增氧，以保证作物的根际溶氧量。

■ **图 5-12 冷却水蒸发器**   ■ **图 5-13 增氧机及曝气头**

5.5.1.4 营养液自动检测与控制系统

营养液自动检测与控制系统采用在线检测与程序控制，主要检测的控制因子包括：EC、pH、DO 和液温（见图 5-14），并通过自动配液、程序定时供液的方式，为水培床提供精确配制的营养液，以满足水培植物高效生产对营养液的需求。营养液自动检测与控制系统模式见图 5-15。

■ **图 5-14 DFT控制**

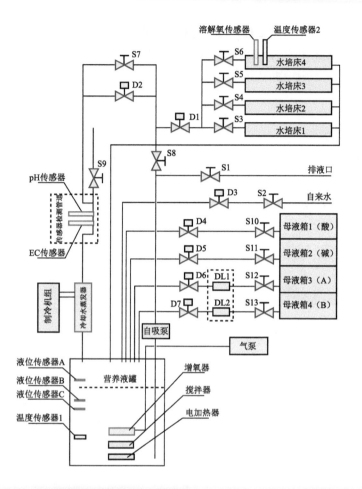

■ **图 5-15　营养液自动检测与控制系统模式图**

S1—排液手阀；S2—补水手阀；S3～S6—水培床进液调节手阀；S7—供液卸压手阀；S8—主管道手阀；S9—传感器检测管道排液手阀；S10～S13—母液箱手阀；D1—供液电磁阀；D2—循环检测控制电磁阀；D3—补水控制电磁阀；D4—母液1（酸液）控制电磁阀；D5—母液2（碱液）控制电磁阀；D6—母液3（A液）控制电磁阀；D7—母液4（B液）控制电磁阀

5.5.2　营养液自动监控系统及功能

　　营养液自动监控系统由中控计算机、通讯模块、系统控制箱、DFT 模式控制单元等部分组成，设有供液、搅拌、检测、配液、液位控制以及溶氧检测和增氧、移动式液温检测、营养液加温/降温等功能，以满足植物全生育期对营养液的需求。

5.5.2.1　供液

　　水培床供液采用定时（绝对时间）控制，每次供液时间和间隔可自由设置，每24h 最多可设置 36 次。执行供液程序时，为防止沉淀，先进行一定时间搅拌（0 ～ 99s 可调）后再开始供液。营养液经储液池—供液泵—供液电磁阀—供液管道进入水培床，利用新液置换出陈液后，经回液管道送回贮液池。

5.5.2.2 检测

供液完成后，搅拌泵、供液泵及检测电磁阀同时开启，池内液体经供液泵—检测电磁阀—营养液检测槽（EC 传感器、pH 传感器）—冷却水蒸发器回到营养液池中，传感器将检测信号传递到计算机。为保证池内液体均匀并与检测槽内一致，检测搅拌时间设定为可调（0～999s）。营养液检测槽设置在供液管道上，见图 5-16。

■ **图 5-16 营养液检测槽**

5.5.2.3 营养液调配

检测传感器将检测信号传递到计算机，通过与设定标准比较，低于或高于设定值时，将进行营养液调配。系统设计有四个母液罐，分别为 A 液、B 液、酸液、碱液。A、B 液为含有不同离子的母液，用于调整营养液中的 EC 值，酸、碱液则用于调控营养液中 pH 值。母液罐及配液装置见图 5-17。

营养液调配采用 PWM（pulse width modulation——脉冲宽度调制技术）控制方式，由计算机控制执行机构操作完成。

当 EC 值低于设定下限时，A、B 原液经双腔计量泵联动同时等量施加；当 EC 值高于设定上限时，补水电磁阀打开，补入清水。酸碱液则按 pH 设定要求，分别通过酸碱液电磁阀控制，采用液面高度差自流。双腔计量泵及配液电磁阀等装置见图 5-18。

■ **图 5-17 母液罐及配液装置**

■ **图 5-18 双腔计量泵及配液电磁阀等装置**

5.5.2.4 液温控制

营养液温度控制主要由温度传感器、加热棒、制冷机及冷却水蒸发器来实现。

采用 2 支 PT1000 温度传感器，温度传感器 1 固定在营养液池中，负责监控池内营养液温度。调温系统在线控制，独立运行（供液时段不降温），使池内营养液温度保持恒定；温度传感器 2 为可移动式，负责检测各水培床内液体温度。

■ 图 5-19　DO传感器

5.5.2.5　增氧控制

为了保持栽培系统营养液温度，防止灰尘和病原菌污染，营养液池、水培床及供液、回液管道均设计为相对封闭的系统，但也相应减少了营养液与大气之间的交换，造成溶氧量偏低。为此，系统中设置了增氧装置。供液前，增氧装置启动，对液池中营养液充氧。增氧装置工作时间与栽培床上液体溶氧值有关，具体检测由 DO 传感器来实现（见图 5-19）。

5.5.2.6　液位控制

营养液池设三级液位传感器控制。当营养液低于中位传感器时，补水电磁阀打开，向营养液池中注入清水，到达高液位传感器时，补水电磁阀关闭，补水完成。当液位低于低位传感器时，各执行机构进入自动保护并报警。

5.5.2.7　执行机构

系统执行机构包括系统控制箱、控制运行设备及电器配件等。系统控制箱（见图 5-20）上分别嵌有溶解氧检测仪以及营养液 pH、EC 检测仪。系统控制箱内设有电源控制开关；输入输出控制模块；控制各设备运行用继电器、接触器等。控制模块采用 RS-485 与计算机连接，继电器输出模块执行计算机指令，控制相应设备实现水培床定时供液；营养液 pH、EC 自动调配及温度、溶解氧浓度控制，并通过点亮控制箱表面上方指示灯显示系统当前运行模式。系统控制箱内设有控制主令开关，系统各功能实现除选择自动外，均可切换为手动或停止运行。

5.5.2.8　安全保障

为保证系统的安全可靠运行，有效避免因系统发生故障造成事故或对植物生长造成影响，系统内各主要部位均设有安全保护及

■ 图 5-20　系统控制箱结构

系统报警提示，按功能划分为计算机报警和设备安全报警（见图5-21）。

（1）计算机报警 造成计算机报警的主要原因为营养液中某控制因子超标，即在线反馈数值突破原设定值，如温度上下限、pH上下限、EC上下限或DO下限等。当系统报警时，计算机控制界面上相应报警标识闪烁，提示操作人员注意，及时进行检查。

（2）设备安全报警 出现设备安全报警主要为设备故障或执行机构故障所

■ 图5-21 设备安全报警装置

致。当设备安全报警时，控制箱上方红色报警灯点亮并发出报警声音。为防止事故发生和避免设备损坏，安全报警的同时，系统或相应设备将停止工作。设备安全报警分为如下几类。

① 低液位报警。系统运行中，当液位低于低位传感器时报警。此时除补水外，其他执行机构均停止运行。

② 制冷机组保护报警。当制冷机组故障或相应热继电器电流过大时报警。此时制冷机组不工作，处于保护状态。

③ 搅拌器保护报警。当搅拌器故障或相应热继电器电流过大时报警。此时搅拌器不工作，处于保护状态。

④ 电源断相保护报警。当电源断相时报警。同时切断控制电源，系统停止运行。

除上述各项保护外，控制箱内对系统各分支均设有相对独立的电源开关（空气开关），当运行电流过大或短路时，将迅速切断相应电源，以保护人身及设备安全。

5.5.3 控制时序及计算机界面

水耕栽培营养液计算机控制采用工业控制计算机与工业控制模块结合的方式。其中：系统温度为在线控制；水培床供液为定时控制；营养液增氧采用比例控制；营养液pH、EC调配采用PWM控制。供液、搅拌、增氧、营养液检测和pH、EC调配时序见图5-22，控制系统原理见图5-23。

系统控制软件是基于Microsoft.net平台编制，界面简洁实用，使用者可方便地进行各因子控制范围、供液时间、增氧时间及传感器参数的设定（界面见图5-24）。系统运行中，通过监控窗口直观地显示相关的检测控制数据与设备运行信息。系统控制软件设置了"实时/历史曲线"功能。该功能可将软件采集的数据以曲线的形式呈现出来，以反映各检测控制因子随时间的变化趋势。该功能既可设定显示特定控制因子独立的数据曲线，又可选择放大某时间各控制段变化曲线，供使用者根据曲线变化及时调整控制参数，以营造更加适合植物生长的环境。数据采集使用 Microsoft SQL Server 数据库形式存储，存储数据包括温度（3 个）、DO（1 个）、EC（2 个）、pH（2 个），数据采集每 10s 记录一次。

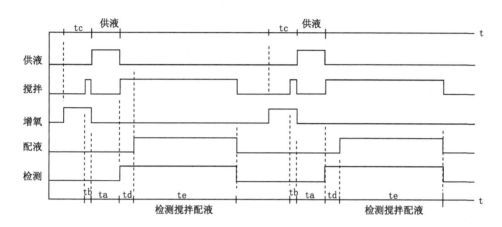

■ **图 5-22　供液、搅拌、检测、配液及增氧时序**

t—时间；ta～te—不同的时间段；ta—供液；tb—搅拌；tc—充氧；td—检测；te—配液

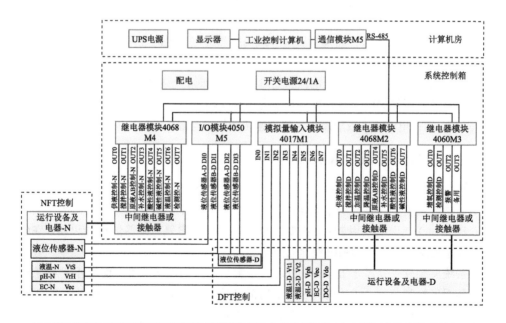

■ **图 5-23　水耕栽培计算机控制系统原理**

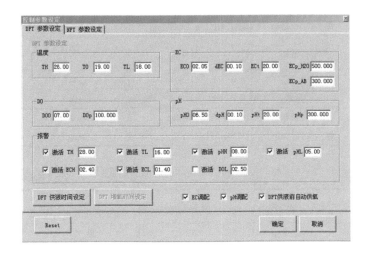

■ 图 5-24　控制参数设定界面

5.5.4　控制参数及主要设备

控制系统各主要控制因子的控制参数设定代码、名称、缺省值及单位见表 5-3，系统主要传感器及相关参数见表 5-4，控制系统选用的主要电器及设备见表 5-5。

表 5-3　营养液温度、EC、pH 和 DO 控制参数

项目	代码	名　称	缺省值	单位
温度控制参数	TH	温度控制上限	24.0	℃
	T0	温度控制中点	20.0	℃
	TL	温度控制下限	19.0	℃
EC控制参数	EC0	控制中点	2.0	mS/cm
	ECt	PWM 周期	20	s
	dEC	控制上下限	0.1	mS/cm
	ECp_H_2O	H_2O 控制比例系数	800	—
	ECp_AB	AB 液控制比例系数	300	—
pH控制参数	pH0	控制中点	6.5	pH
	pHt	PWM 周期	20	s
	dpH	控制上下限	0.1	pH
	pHp	控制比例系数	200	—
DO控制参数	DO0	控制点	8.00	$\times 10^{-6}$
	DOp	控制比例系数	200	—
	DOt	显示增氧器工作剩余时间		s

表5-4　系统主要传感器参数

序号	传感器名称	型号	测量范围	精度
1	温度变送器	PT1000	0～50℃	±0.5
2	pH变送器	692/IP-600-9PT	0～14	±0.1
3	电导变送器	392/392-125	0～2.4mS/cm	±0.1
4	溶解氧控制器	6308DTF/OXYSENS 120	0～20mg/L	±0.1

表5-5　系统主要电器及设备

序号	名　称	规格型号	单位	数量
1	工业控制计算机	P4 2.8G	套	1
2	液晶显示器	AL1706 Ab	台	1
3	RS-485转换器	ATC-107A	只	1
4	模拟量输入模块	ADAM-4017	只	1
5	继电器输出模块	ADAM-4068	只	2
6	继电器输出模块	ADAM-4060	只	1
7	I/O模块	ADAM-4050	只	1
8	UPS电源	AVR800	台	1
9	液位传感器		套	2
10	不锈钢潜水泵	50QWP20-7	台	2
11	自吸供水泵	40WG-20	台	2
12	计量泵	2DS-2E	台	2
13	制冷机组	2P	台	1
14	冷却水蒸发器	3P	台	1
15	直流充气增氧机	HZ-120/12V	台	1
16	聚合物曝气器	Φ179	只	2
17	电加热器	1000W/220V	只	4
18	电磁阀		只	14
19	控制箱		台	1
20	母液箱		只	8

5.5.5　营养液控制效果

营养液栽培与控制系统通过在植物工厂的实际应用和测试检验，取得了较好的试验效果，为进一步在生产上的应用奠定了基础。

5.5.5.1　EC 的控制

通过测试分析，当营养液 EC 值设定在 2.05 mS/cm 时，在 5 天的检测期内，营养液控制系统可将营养液 EC 值控制在设定值 ±0.2 mS/cm 范围内。

5.5.5.2 pH 控制

通过测试研究，当营养液 pH 值设定在 6.5 时，在 11 天的检测期内，营养液控制系统可将营养液 pH 值控制在设定值 ±0.5 的范围内。

5.5.5.3 液温控制

通过试验，当营养液温度值设定在 21℃时，在 2 天的检测期内，营养液控制系统可将营养液液温控制在设定值 ±1℃的范围内。

5.5.5.4 溶解氧控制

通过试验，在 5 天的检测期内，营养液控制系统的溶解氧浓度可控制在 6×10^{-6} 以上，能完全满足水耕栽培对溶解氧的需求。

第 **6** 章

植物工厂
蔬菜品质
调控

蔬菜是人工光植物工厂的主要栽培作物，而又以植株较矮的叶菜，如生菜、菠菜、芹菜等为主体。由于植物工厂是在完全环境控制的条件下进行生产，所产出的叶菜产品不仅具有外观整洁、一致性好、无污染和营养品质高等优点，而且还由于密闭、洁净的生产环境，微生物污染和病虫害很少发生，无需使用农药，不用担心农药污染。另外，还由于全部采用营养液栽培方式，严格控制肥料质量及水质管理，也不会出现土壤栽培的重金属污染。因此，可以肯定的是植物工厂生产的蔬菜是无公害的、可鲜食的、安全程度很高的农产品。但营养液栽培也有一些固有的缺陷，如硝酸盐偏高、维生素 C 偏低以及次生营养物质含量不高等，需要通过植物工厂光温环境管理和营养调控来加以调节，本章重点介绍提高蔬菜品质的技术与方法。

6.1　植物工厂蔬菜品质调控的技术需求

6.1.1　硝态氮调控的技术需求

蔬菜是人体摄入硝酸盐的主要来源，其贡献率达到 80% 以上，但过量硝酸盐进入人体后，可转化形成亚硝酸盐，导致高血红蛋白症的发生；或者与二级胺结合还能形成强致癌物亚硝胺，诱发人体消化系统的癌变，对人类健康构成潜在危害。研究表明，硝酸盐对婴幼儿的危害会更为严重。为此，世界各国制定了蔬菜硝酸盐限制标准，以保障蔬菜品质安全和人类健康（见表 6-1）。国际上的蔬菜硝酸盐含量标准考虑了季节要素，并区分设施栽培与露地栽培两类种植类型。1973 年世界卫生组织（WHO）和联合国粮农组织（FAO）制定的食品硝酸盐限量标准规定的 ADI 值为 3.65mg/kg（体质量）。以 WHO 和 FAO 制定的食品硝酸盐限量标准规定的 ADI 值作为基准，沈明珠等提出了蔬菜硝酸盐含量卫生评价分级标准，并根据蔬菜在经过盐渍、煮熟后硝酸盐含量分别减少 45% 和 60% ～ 70% 进行折算与分级。GB 18406—2001 规定无公害蔬菜硝酸盐含量为：瓜果类 ≤ 600mg/kg，根茎类 ≤ 1200mg/kg，叶菜类 ≤ 3000mg/kg。此外，还规定了亚硝酸盐含量 ≤ 4mg/kg。

表 6-1　世界各国主要蔬菜硝酸盐含量的指导值或最大值规定　　单位：mg/kg（鲜重）

产品种类	德国（指导值）	荷兰（最大值）	瑞士（指导值）	澳大利亚（最大值）	俄罗斯（最大值）	欧盟（最大值）
生 菜	3000	3000（S）4500（W）	3500	3000（S）4000（W）	2000（O）3000（G）	3500（4-10）4500（11-3）2500（O,5-8）
菠 菜	2000	3500（S）4500（W）2500（1995）	3500	2000（<7）3000（>7）	2000（O）3000（G）	2500（4-10）3000（11-3）2000（P）
红甜菜	3000	4000（4-6）3500（7-3）	3000	3500（S）4500（W）		
萝 卜	3000			3500（S）4500（W）		

续表

产品种类	德国 （指导值）	荷兰 （最大值）	瑞士 （指导值）	澳大利亚 （最大值）	俄罗斯 （最大值）	欧盟 （最大值）
菊苣莴苣		3000（S）	875	2500 1500	900(S) 500(W)	
胡萝卜				1500	400(S) 250(W)	

注：S表示夏天；W表示冬天；O代表室外；G代表温室；P代表加工产品（防腐处理或冷冻）。<7表示7月前收获；>7表示7月后收获。1995表示从1995起；4-10表示4月1日到10月31日；11-3表示从11月1日到翌年3月31日；5-8表示5月1日到8月31日。数据来源于Sohn和Yoneyama(1996)和Maff UK(1999)。

在植物工厂生产条件下，所产蔬菜（尤其是叶菜）的硝酸盐含量与生产过程中水肥管理、氮肥形态等条件有密切关系。由于蔬菜是喜氮作物，易奢侈吸收硝态氮，并累积到体内组织中，造成硝酸盐水平的超标。蔬菜的水氮供应对其体内硝酸盐的累积具有重要影响，水氮过量供应常造成蔬菜（如菠菜、生菜、白菜、芹菜、油菜、韭菜、香菜和茴香等）硝酸盐高水平累积，对人体健康造成危害。据报道，根茎类、绿叶菜类、瓜果类和白菜类硝酸盐超标率分别为80.9%、37.9%、29.7%和2.2%。植物工厂主要采用营养液栽培，以氨态氮形式供应的营养液易造成氨毒，所以生产中常用营养液配方中的氮素主要是以硝态氮的形式存在，这样就为蔬菜硝酸盐的高水平累积提供了可能。因此，在植物工厂生产中必须考虑水氮管理与环境控制，使蔬菜体内的硝酸盐含量降低到允许值之内，以保障食用安全性。

6.1.2　维生素C调控的技术需求

维生素C，也称L-抗坏血酸（Ascorbic Acid），是一种水溶性烯醇式己糖酸内酯化合物（见图6-1），还原性强，在动植物体内具有重要的代谢功能和抗氧化作用，更是维持人类生长、繁殖和保证人体健康所必需的营养物质。维生素C含量与植物抗逆性、光保护和生长发育密切相关，植物缺乏维生素C可导致其抗逆性减弱，生长受

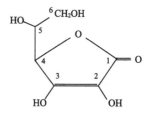

■ 图6-1　维生素C分子结构

到抑制。同样，维生素C在人体的一系列代谢过程中也发挥着不可或缺的作用，在促进铁吸收、降低血液中的胆固醇、预防病毒和细菌感染、增强肌体的免疫系统功能、防止致癌物质亚硝胺形成等方面发挥着重要作用。此外，维生素C还是一种高效且副作用低的抗氧化剂，对癌症、心血管病等疾病具有一定的防护功能。然而，人体由于缺乏维生素C合成的关键酶（古洛糖酸-1,4-内酯脱氢酶，GulLDH），只能从膳食中摄取。而且，维生素C水溶性强无法在人体内储存，必须每日不断地摄取。因此，提高膳食中的维生素C含量，对保证人体健康至关重要。

蔬菜是人类摄取维生素 C 的主要来源,研究表明,人类膳食中 90% 以上的维生素 C 来自蔬菜和水果。我国居民有偏食蔬菜的饮食习惯,尤其对叶菜类蔬菜消费更大,因此,蔬菜中维生素 C 含量的高低影响我国居民的维生素 C 摄入量。中国营养学会推荐的成人维生素 C 的每日最低摄入量为 100mg。而且,已颁布的行业标准(NY/T 743)对绿色食品中绿叶类蔬菜中的维生素 C 含量也做了限定(生菜 ≥ 100mg/kg,菠菜 ≥ 300mg/kg)。因此,富含维生素 C 的蔬菜产品对保证公众维生素 C 的充足摄取具有重要意义。然而,在高氮肥与设施弱光环境下,设施蔬菜(特别是叶菜)维生素 C 偏低的现象极为普遍。在植物工厂条件下,光强普遍比自然光要低,这样就会影响维生素 C 合成关键酶的活性以及光合产物和能量的供给,相应减少维生素 C 的积累。此外,高氮肥条件下,叶菜通常会累积高水平的硝态氮,从而也会造成维生素 C 含量偏低。孙园园发现随着硝态氮供应水平的增加,菠菜叶片中维生素 C 含量随之增加,但当营养液中氮水平达到 10mol/L 后维生素 C 含量下降。植物工厂叶菜生产过程中,采用光与营养调控等措施提高叶菜中维生素 C 含量是提高其产品营养品质的重要内容。

6.1.3 次生营养物质的调控需求

除维生素 C 外,其他抗氧化物质均为次生代谢物质,如类黄酮、花青素和酚酸等,增加植物工厂蔬菜中抗氧化物质的含量对提高其营养保健价值具有重要意义。基于植物工厂营养液以及环境因子(尤其是光环境)可调控的优点,国内外学者对植物工厂蔬菜的次生代谢物质调控进行了相应的研究,取得了可喜的进展。已有研究报道表明,植物工厂生产的蔬菜产品在抗氧化物质累积上还有调控提高的潜力。最近有报道认为,通过氮素营养与光环境的协同调控,可使叶菜硝酸盐含量大幅降低、维生素 C 以及一些次生代谢物质等指标显著提升。人工光环境下蔬菜营养品质调控是完全可能的,从而为植物工厂进行高品质蔬菜的生产提供了有效的技术支撑。

6.2 光环境品质调控技术

光环境要素,包括光质、光强、照射时间和照射方式等,不仅影响作物生长和产量,而且还会影响作物产品的营养品质形成。在植物工厂生产系统中,通过光环境调控,实现对硝酸盐、维生素 C 含量以及次生代谢物质的控制,已经成为近年来发展起来的重要技术手段,效果明显。随着半导体固态光源 LED 技术的发展,应用 LED 取代荧光灯实现人工光植物工厂的节能高效生产,同时利用 LED 的光质可调性进行作物营养品质的调控,正逐渐成为近年来国际植物工厂的重要趋势。

6.2.1　光对硝酸盐与维生素C含量的调控

光环境要素对蔬菜硝酸盐与维生素 C 含量具有重要影响，其中光质影响最为显著。已有报道认为，光质调控有利于增加植物工厂蔬菜维生素 C 的含量，同时降低蔬菜的硝酸盐含量。齐连东等（2007）用彩色荧光灯获得红色、蓝色和黄色光源，研究了不同光质对菠菜产量与硝酸盐积累的影响。结果表明，与白光和黄光相比，红光处理下的生物量虽不高，但却有利于干物质和碳水化合物的形成与积累，降低了硝酸盐含量。Urbonavičiūtė 等（2007）以荧光灯为对照，研究了 92% 红光 LED（640nm）+8% 近紫外光、86% 红光 LED+14% 蓝光 LED 和 90% 红光 LED+10% 青光对生菜生长和硝酸盐含量的影响。结果表明，红光 LED+ 蓝光 LED 的糖含量显著高于另外两个组合，并显著高于对照。三种处理中的硝酸盐含量均低于对照 15%～20%。进一步的研究表明，红光在刺激硝化还原酶、降低硝酸盐含量方面起着关键性的作用，红蓝光组合对提升植物中氮的吸收和同化有显著影响。在植物工厂系统中，目前采用 LED 单色光及其组合光源已较为普遍，通过调节光质进行硝酸盐调控已经成为可能，应用潜力巨大。

在营养品质调控方面，相关研究表明，LED 红光、蓝光及其组合光源在叶菜、芽苗菜和果菜营养品质调控方面作用明显，可选择性地提高碳水化合物、蛋白质、维生素 C、β - 胡萝卜素等指标的含量和抗氧化能力，同时降低硝态氮、草酸等有害物质含量。然而，不同光质的调控效果差异明显。陈文昊等发现，与红光相比，蓝光和红蓝光照射下生菜的维生素 C 含量显著提高，这一发现与 Ohashi 等用彩色荧光灯照射生菜和菠菜的试验结果一致。相似的研究结果在芽苗菜和果菜光质试验中也得到了印证。与白光相比，蓝光及红蓝光组合处理增加了萝卜苗和青蒜苗的维生素 C 累积。陈强等发现，蓝光处理下转色期的番茄果实维生素 C 含量最高，红蓝光次之，红光最低。许莉等发现，单色荧光灯对叶用莴苣照射 25 天后，黄光下维生素 C 含量最高，依次是蓝光和红光。此外，增加蓝光、红蓝光的光强或实施短期连续光照（光周期为 24h）也可促进叶菜维生素 C 累积。王志敏等通过增加 LED 红蓝光的光强显著提高了叶用莴苣的维生素 C 含量，同时他还采用荧光灯、LED 蓝光、红蓝光 LED 组合光源连续照射 3 天，生菜维生素 C 和可溶性糖含量均获显著增加、硝态氮含量明显降低。试验结果还显示，红蓝光组合比例显著影响生菜的品质变化，红蓝光比以 4：1 较好。Samuolienė 和 Urbonavičiūtė 发现，与白光相比，红光 LED 连续照射 3 天，显著降低了基质培和水培菠菜中维生素 C 含量，红光连续光照对维生素 C 累积起抑制作用。

6.2.2　光对次生代谢物质的影响

影响作物次生物质代谢的光谱成分主要是紫外光部分，植物工厂系统的一个很重要的特征是人工光源中紫外线较为缺乏，包括 UV-A (320 ～ 400nm) 和 UV-B (280 ～ 320nm)，因此会影响作物次生代谢物质的形成和累积。Li 和 Kubota（2009）通过研究不同 LED 光质明期补光对生菜营养品质的影响，结果表明，增加 UV-A 可提高花青素的含量11%。Yang 和 Yao（2008）研究发现 UV-A 增加会导致叶绿素 b 降低、类胡萝卜素增加。Tsormpatsidis 等（2008）研究了不同 UV 辐射对生菜生长以及花青素、类黄酮和酚类物质的影响，采用UV完全透过膜，可透过320nm、350nm、370nm和380nm的膜，以及完全不透过UV辐射的膜进行试验。结果表明，在完全不透过UV膜下（UV400nm）生菜的干重为生长在UV完全透过膜下的2.2倍；相反，完全透过 UV 膜下生菜的花青素含量却是UV完全不透过膜下的8倍。而且，花青素含量和滤过的UV波长间存在曲线关系。总之，根据菠菜代谢物质的形成和累积规律，进行适当强度的紫外线补光照射，有利于提高植物工厂蔬菜的营养品质和营养保健功能。

6.2.3　基于LED的蔬菜品质调控技术

为了获取高品质的蔬菜，人们一直在研究如何在栽培过程中尽可能提高蔬菜中的可溶性糖、维生素 C 等营养物质的含量、降低硝酸盐累积量。已有的研究主要从环境和营养调控的角度出发，如在采收前利用无氮营养液或氨态氮取代硝态氮等措施，来减少蔬菜硝酸盐的累积，也有人采取调节自然光照时间来进行调控，但这些措施往往都是以降低蔬菜产量为代价，存在明显缺陷。

光是影响植物生长发育最重要的环境因子之一，对植物的光合作用、硝酸盐和维生素 C 代谢等过程都有显著的影响。为研究光环境调控对收获期蔬菜品质的影响机理，中国农科院农业环境与可持续发展研究所率先提出了利用 LED 短期连续光照进行蔬菜品质调控的方法，即采用红蓝光 LED 组合光源对收获期叶菜实施短期连续光照来促进和改善叶菜的营养品质，试验研究取得了良好的效果。研究选用 LED 光源，进行了采收前短期连续光照对蔬菜硝酸盐含量、可溶性糖及维生素 C 含量影响的试验研究。结果表明，R/B=4/1 时，48h 连续光照后生菜中的硝酸盐含量最低，与初始值相比，其叶片和叶柄中的硝酸盐含量分别降低了 2061.1mg/kg 和 2090.3mg/kg（见图 6-2）；同时可溶性糖含量最高，与初始值相比，叶片和叶柄中的可溶性糖含量分别提高了 17 倍和 5 倍 (见图 6-3)。

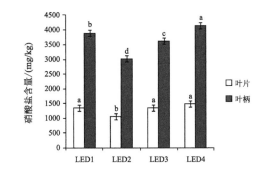

■ 图 6-2　不同LED光质连续照射48h后生菜叶片和叶柄中的硝酸盐含量（LED1：R/B=2，LED2：R/B=4，LED3：R/B=8，LED4，R）

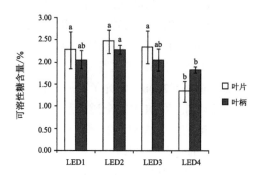

■ 图6-3 不同LED光质连续照射48h后生菜叶片和叶柄中的可溶性糖含量
（LED1：R/B=2；LED2：R/B=4；LED3：R/B=8；LED4，R）

光强研究表明，连续光照下，生菜中的硝酸盐的降低量与可溶性糖的增加量都随着光照强度的增加而增加（见图6-4、图6-5），但当光照强度超过100μmol/（m²·s）时，其边际效应迅速降低。因此，从经济角度考虑，100μmol/（m²·s）是最适于采收前短期连续光照调控蔬菜品质的光照强度。

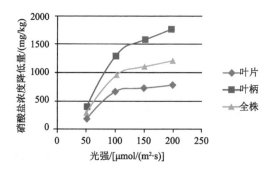

■ 图6-4 48h连续光照下生菜中硝酸盐的降低量随光照强度的变化

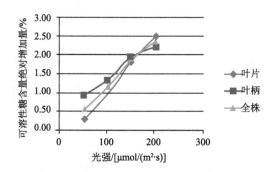

■ 图6-5 48h连续光照下生菜中可溶性糖的增加量随光照强度的变化

6.3 营养液氮素品质调控技术

6.3.1 断氮调控技术

断氮调控是指在叶菜收获前期，将营养液替换成无氮营养液、清水或含有一定量渗调离子的水溶液，通过几天处理后达到降低叶菜硝酸盐含量，提高营养品质的目的。断氮处理大致有三种方式：① 供应无氮营养液；② 供应清水；③ 供应含渗调物质、钼酸铵的水溶液。研究表明，采收前三种断氮方式都能有效降低水培生菜的硝态氮含量、提高维生素 C 含量和可溶性糖含量。其原理是：在一定的光照条件下，通过调整营养液实现断氮处理，蔬菜将通过光合作用同化体内累积在液泡的硝酸盐，转化为光合产物，从而降低蔬菜中硝酸盐的含量。由于蔬菜体内累积了大量养分，短期内即使供应清水也不会降低蔬菜生物量。比较而言，第三种方式下生菜硝态氮含量降低更快，其原因是渗调离子的渗调功能促进了硝态氮在叶片代谢库和贮存库间的调配，而钼酸铵则增加了硝酸还原酶（NR）的活性。通过在实验室条件下进行的水培生菜试验结果表明（见表 6-2），三种断氮处理均可显著降低展开叶叶片、展开叶叶柄和老叶中的硝酸盐含量，其硝酸盐含量的降低幅度分别为：展开叶叶片＞展开叶叶柄＞老叶。

表 6-2 三种断氮处理对生菜叶片硝酸盐含量的影响   单位：mg/kg

处理	展开叶叶片	展开叶叶柄	老叶
全营养液	1161.9a	2775.6a	2187.4a
无氮营养液	434.9b	2239.1ab	2066.5ab
蒸馏水	670.8b	1948.6b	2103.9a
氯化钾溶液	539.0b	1571.6b	1452.8b

注：a、b 表示 0.05 水平显著性差异，全书余同。

断氮处理可调节展开叶叶片维生素 C 的含量，与全营养液相比蒸馏水处理提高了展开叶叶片的维生素 C 含量，但无氮营养液却降低了展开叶叶片维生素 C 含量；三种断氮处理对展开叶叶柄和老叶维生素 C 含量无显著影响；展开叶叶柄的维生素 C 含量明显低于叶片，而老叶维生素 C 含量居中（见表 6-3）。

表6-3　三种断氮处理对生菜展开叶叶片维生素C含量的影响　　　　　　　　　单位：mg/g

处理	处理2天	处理4天	处理6天	处理8天
全营养液	0.290b	0.150b	0.331ab	0.197b
无氮营养液	0.365ab	0.310ab	0.287b	0.357a
蒸馏水	0.414a	0.498a	0.417a	0.398a
氯化钾溶液	0.417a	0.386a	0.388ab	0.386a

由表6-4可知，除第4天取样测定结果中无氮营养液和蒸馏水处理增加了老叶维生素C含量外，在其他取样时间条件下，三种无氮营养液处理对生菜老叶维生素C含量无显著影响。

表6-4　三种无氮处理液对生菜老叶维生素C含量的影响　　　　　　　　　　　单位：mg/g

处理	处理2天	处理4天	处理6天	处理8天
全营养液	0.165a	0.165b	0.155a	0.167a
无氮营养液	0.178a	0.219ab	0.141a	0.199a
蒸馏水	0.204a	0.316a	0.143a	0.199a
氯化钾溶液	0.189a	0.203b	0.146a	0.213a

进一步的研究表明，断氮调控具有多重品质效益，除可降低硝酸盐含量外，维生素C含量和可溶性糖含量还可得以提高（见表6-5）。其中，采用渗调离子，如氯离子、硫酸根离子等的调控效果较好，其原因在于渗调离子可替换液泡中的硝酸根离子，将硝酸根离子置换到液泡外细胞质中，以促进其光合同化功能。不同渗调离子在调控生菜液泡中硝酸盐含量的效用上存在差异。此外，采用钼酸铵的效果较好，原因可能是因为钼是硝酸还原酶的组分。

表6-5　不同断氮处理方式对生菜展开叶叶片和叶柄中硝态氮含量的影响

断氮处理方式	展开叶叶片中硝态氮含量/（g/kg）	展开叶叶柄中硝态氮含量/（g/kg）
全营养液	1.80a	2.09a
0.1 mmol/L KCl	1.10cd	1.76a
0.75 mmol/L K_2SO_4	1.27bcd	1.99a
0.1 mmol/L KCl+0.75 mmol/L K_2SO_4	1.08cd	1.85a
5.0×10^{-5} mmol/L （NH_4）$_6Mo_7O_{24}$	1.20cd	1.77a
自来水	1.41abcd	1.71a
蒸馏水	1.52abc	2.09a

6.3.2 氮素水平与光照协同调控

光是植物光合作用的唯一能量来源，也是控制植物生长发育的外部信息源，光照决定着植物生长发育的特征和品质。植物自身具有一套光感应器来跟踪光信号，包括感应有无光照、光强、光谱、光方向和光照时间等。光强是影响蔬菜硝酸盐累积的关键因子，光强高低决定着硝酸盐还原所需的碳水化合物、还原剂和能量供应水平，并影响硝酸盐还原酶活性。因此，有学者通过协调光强与氮供给水平的关系，生产出低硝态氮的生菜，很好地控制了硝酸盐含量。Demšar 等（2004）开发出了一套由计算机控制的光依赖型硝酸盐施用雾培系统，可根据光强的变化供给含不同浓度硝酸盐的营养液，降低了生菜的硝酸盐含量，而且还不影响作物产量，对光合速率和光合色素影响也较小。这些措施说明，通过对氮素水平与光照的协同调控，能显著提升作物品质。

6.3.3 氮素形态调控

众多研究表明，在水培条件下，适当增加营养液氮素中的铵（25% 替代硝酸盐）水平将会降低叶片、叶柄和根系中的硝酸盐含量。另外，采用尿素部分取代营养液中的硝态氮也可显著降低生菜硝酸盐含量，而对产量影响很小或无影响。用氨基酸部分取代营养液中硝态氮，也可显著降低蔬菜硝酸盐的含量，而且混合氨基酸取代硝态氮，还可提高红辣椒的硝酸盐吸收和还原水平，显著降低体内硝酸盐含量。此外，也有学者采用沼液作为营养液进行蔬菜栽培，由于沼液含有丰富的矿质营养和氨基酸等有机物质，能显著降低蔬菜硝酸盐含量，而且还会提升蔬菜营养品质。

6.4 植物工厂蔬菜营养品质的调控策略

在以化肥规模化应用为特征的现代农业生产条件下，设施条件下蔬菜的硝酸盐累积和药残等卫生品质问题已经引起世界广泛关注；另外，以通过各种营养与环境调控为基础、提升设施蔬菜营养品质的技术研究也受到高度重视。各国学者正在积极研究，探索进一步提高可控环境下蔬菜产品的食用安全性和营养保健功能的技术途径，以满足社会对高品质蔬菜的迫切需求。近年来的研究结果表明，以环境控制和营养液调节复合控制理念为基础，按照过程控制和末端控制两种思路，制定出有效的蔬菜硝酸盐控制策略，是实现可控环境下蔬菜产品安全性、提升蔬菜营养保健功能的重要手段。目前，设施环境下营养液栽培蔬菜的硝酸盐控制研究已取得了可喜的进展，探索出了许多可行的环境控制策略（特别是高维生素 C 和低硝酸盐含量的蔬菜生产技术），并从生理机制上对这些措施进行了揭示，实现了在生产上的广泛应用。

　　在植物工厂蔬菜营养品质的调控策略方面，充分利用营养液栽培和环境控制的综合优势，通过提高光强、调控光质（光合有效辐射、紫外线）、协调氮营养和光照条件之间的关系，进一步提高蔬菜的营养品质和营养保健功能，将会是人工光植物工厂品质调控的重要技术手段。

第**7**章

家庭微型
植物工厂

前面几章重点介绍了人工光植物工厂的主要关键技术，本章将着重介绍以这些技术为基础创新发展起来的一种新型植物工厂——家庭微型植物工厂。

近年来，随着城市化进程的加快，绿色休闲空间越来越受到限制，居住在城区尤其是大都市的居民对亲近自然、体验绿色的需求日益迫切，网上偷菜、都市菜园等无论是虚拟版还是现实版的"开心农场"都受到了来自各个年龄层次的城市人的热捧，家庭微型植物工厂正是在这样一个社会背景下出现的，并通过上海世博会的平台得到较好的诠释。2010年上海世博会筹备阶段，作者所在的课题组接到了世博会组委会和参展的一家大型厨具企业的邀请，要求课题组为世博会研发一款可与家庭厨房结合的微型植物工厂，组委会提出的理念是要利用世博会平台倡导一种未来家居生活的新方向，为2015年以后的都市家居生活增添一款可供居民自己体验种菜的家庭微型植物工厂。作为一种时尚家具，这种微型植物工厂不仅能满足人们在家里体验绿色、享受休闲、自己亲手种放心安全蔬菜的需要，而且还可以成为家庭的"生态氧吧"，利用蔬菜光合作用吸收人们呼出的 CO_2，并释放出 O_2，调节家庭微生态环境，为人们提供健康、舒适的家居生活。课题组经过多次反复试验，最终在世博会开园前研制成功，并如期展出（见图7-1）。

■ 图7-1 上海世博会展出的家庭微型植物工厂

2010年5月，家庭微型植物工厂在上海世博会期间展出后，引起了社会的广泛关注，每天有1万多人次参观该馆，为植物工厂走向家庭以及与都市生活结合提供了有效的发展模式和示范样板。

7.1 家庭植物工厂关键技术

7.1.1 人工光源技术

家庭微型植物工厂最终要与家居生活相结合，因此要求其外维护结构尽可能紧凑、美观大方，一些发热量较大的光源（如高压钠灯、荧光灯等）不太适宜在这类植物工厂中使用。LED 具有发热少、单色可组合、节能环保、寿命长等诸多优势，可大幅度地缩小栽培层间距，使空间尽可能紧凑，是家庭植物工厂人工光源的最理想选择。

目前，在家庭植物工厂应用的 LED 一般选用组合后颜色偏白的光源，因为在家居生活中，人的视觉比较喜欢接近日光的色彩，常规生产上使用的 LED 光源主要以红、蓝光 LED 组合偏多，对人眼有一定的刺激作用，一般不太适合在家庭使用。因此，家庭植物工厂的人工光源主要选用红（R）、绿（G）、蓝（B）三色 LED 进行组合，在灯架内表面按照一定比例均匀布置 660nm 红光、550nm 绿光和 450nm 蓝光 LED 灯珠（见图 7-2），并根据光环境优化参数的研究结果，设定 LED 红光 / 绿光 / 蓝光（R/G/B）的比例，最终形成具有一定光强和光质比例的 LED 光源装置，以满足家庭植物工厂对低发热、节能高效人工光源的要求。

■ **图 7-2　家庭植物工厂的LED光源**

7.1.2　人工环境控制技术

家庭植物工厂的主要特征之一就是可以实现"傻瓜化"的操作，即植物生长发育所需要的温度、湿度、光照、CO_2 以及营养液等要素均可由计算机系统进行自动检测与控制。通过人工环境控制系统的数据采集、智能判断、控制执行等各功能模块的精细工作，实现对系统各环境要素的智能化管理。当栽培区温度低于设定值时，加热器开始启动，热空气从环境控制区底部向上方流动，通过内循环风机的输送，使热空气均匀送入栽培区。当温度达到设定值后，加热器关闭；同样，当栽培区温度高于设定值时，制冷器开始启动，冷空气从环境控制区上方向底部流动，通过内循环风机的输送使冷空气均匀送入栽培区。当温度达到设定值后，制冷器关闭。

为保证栽培区内的 CO_2 浓度满足作物生长的需求，优化家居环境中的 O_2 含量，系统会定时控制栽培区内的空气与家居环境进行气体交换。同时，在系统内外气体交换的过程中，应尽可能地降低栽培区内的温湿度变化，避免能源浪费。同时在进行内外气体交换时，会先关闭内循环风机、加热器或制冷器，只开启外循环风机。这样，环境控制区内的空气会从外循环风机处排走，外界空气会从进气口处进入环境控制区。运行一段时间后，系统会自动关闭外循环风机，开启内循环风机并恢复栽培区内温湿度自动控制系统。通过系统的精细设计，既可有效控制栽培区与外界进行气体交换，又能防止加热或制冷后的空气被排走而浪费能源。

在栽培区内的各层栽培空间内都设有加湿口和除湿口，可自动加湿或除湿，有效保证各层栽培空间的湿度环境。

7.1.3　营养液循环与控制技术

家庭植物工厂的栽培模式主要采用 DFT（深液流栽培技术）或 MFT（多功能栽培技术）水耕栽培（见图 7-3），其营养液循环采用多层集中定时供液、各层独立控制流量的营养液循环方式。营养液贮液箱位于微型植物工厂底部区域，事先按一定的比例配制好营养液后，由计算机系统根据需要定时控制营养液系统的循环。通常情况下，采取间歇式供液方式，即水泵开启 5 ～ 10min，然后停止 45 ～ 50min，通过间歇式循环供液和空气混入处理，最大程度地满足作物根圈对氧的需求。水泵的具体开启时间、停止时间一般根据根圈温度管理的需要以及作物的品种和生育期来确定。

■ 图 7-3　家庭植物工厂营养液栽培槽

在营养液循环过程中，通过在栽培床里和营养液罐里装有空气混入器，或者是在供液口安装有空气混入装置，增加营养液的氧气含量；通过在供液回路上设定紫外消毒装置，不断对回流的营养液进行消毒处理。另外，各层栽培床箱内还设计有供液阀门和回流插芯，可有效控制各层营养液的供液速度和液面高度。

7.1.4 远程监控（物联网）技术

家庭植物工厂很重要的一个功能是用户能够在家里亲身体验、趣味参与，即使是不在家的情况下，也可以通过物联网技术的设计，实现远程管理。不管是在上班期间，还是出差在外，都可以通过网络传输平台，实现在任何时间、任何地点用手机、笔记本电脑、PDA 等一切具有网络连接的终端了解家庭蔬菜的长势，在线管理、远程监控、实时操作。图 7-4 显示的是通过手机实时了解家庭植物工厂的相关信息。

■ **图 7-4 通过手机实时了解家庭植物工厂信息**

7.2 家庭植物工厂的开发应用

根据家庭对植物生产的特殊要求，中国农科院在上海世博会展出的家庭植物工厂基础上，又研制出了两种型号的微型家庭植物工厂，其中型号 1——E-Garden1（见图 7-5），长 1350mm、宽 800mm、高 1800mm。种植室分三层，每层的右下角设温湿度传感器，其中主传感器在中间层的右下角，上下两层各有一个辅助传感器，只用于显示温湿度值，而不进行控制。双层抽真空的内热式中空玻璃观察窗上下两组尺寸为 800 mm×260mm，中间一组尺寸为 650mm×260mm，透过玻璃窗可以清晰地观察种植室内的生长情况。在这款家庭 LED 植物工厂内部，采用抽屉状结构将系统分为蔬菜生产小区、育苗小区和食用菌小区三部分，蔬菜生产小区位于装置的右侧区域，采用三层立体栽培结构，每茬可定植叶菜 45 棵，年产蔬菜 60 ～ 80kg；育苗小区为单层结构，单茬育苗 70 ～ 100 株；食用菌小区为四层结构，单茬可放置菌棒 4 ～ 8 个。蔬菜生长全部采用白色 LED 光源，比普通光源可节能 60% 以上；系统内的温度、湿度、光照、风速、营养液等环境因子均由 PLC 系统进行智能监控，操作极为简便；作物所需的 CO_2 气肥主要由家庭成员的呼吸以及箱体内的食用菌供给，实现低碳、环保、生态化种植。此外，这套装置还引入了物联网技术，人们可以在任何地点利用手机、笔记本、PDA 等网络终端随时了解蔬菜长势，调整控制参数，实现在线调节与控制、远程控制。

 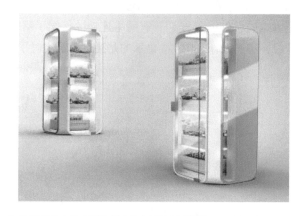

■ 图 7-5　家庭植物工厂 E-Garden1　　■ 图 7-6　家庭植物工厂 E-Garden2

另一种为型号 2——E-Garden2（见图 7-6），长 850mm、宽 800mm、高 1800mm，分为四层，其中三层为种植室，一层为育苗室，每层培养架顶部设计有 5 只白色 LED 灯管，由于配备了与外界的空气交换系统，没有额外设计空调装置，主要考虑在人居环境下使用，利用家庭室内相对稳定的环境，以减少设备和运行投入。营养液栽培模式及控制系统的设计与 E-Garden1 基本一致，可定时向栽培作物提供营养。E-Garden2 的设计主要以家庭环境为背景，减少了空调的设备和投入，成本大幅降低，是一种易于普及的家庭植物工厂形式。

第**8**章

典型案例
与技术经
济分析

8.1　植物工厂典型案例

植物工厂在中国仍处于起步阶段，据不完全统计，目前在中国实际运行的植物工厂约有22座，主要分布在北京、天津、山东、吉林、辽宁、广东、江苏等地（见图8-1），其中一部分为人工光植物工厂，主要用于高附加值蔬菜的生产、科学研究和技术展示等；一部分为太阳光植物工厂，主要用于蔬菜的工厂化生产。在本章将重点介绍几个典型的植物工厂案例。

● 人工光利用型植物工厂
■ 太阳光利用型植物工厂

北京，共四座，总计3069m²
天津，共四座，总计11300m²
内蒙古鄂尔多斯，4000m²
唐山迁安，3000m²
陕西杨凌，2000m²

吉林长春，200m²
辽宁沈阳小韩村，30000m²
辽宁沈阳农科院，3000m²
河北廊坊，2000m²
山东寿光，200m²
山东泰安，15000m²
江苏南京，3000m²
江苏南京，300m²
上海，3000m²
广东深圳，4000m²
广东珠海，40m²

■ 图8-1　中国植物工厂分布区域（2011）

8.1.1　长春智能数字植物工厂

"长春·智能数字植物工厂"位于吉林省长春市农博园内，2009年9月建成并投入运营，它是我国第一例生产型人工光智能植物工厂，在中国植物工厂发展史上具有重要的影响。

长春植物工厂是一个兼具生产与示范功能的人工光利用型植物工厂（见图8-2、图8-3），总体建筑面积为200m²，共由植物苗工厂和蔬菜工厂两部分组成，以节能植物生长灯和LED为人工光源，采用制冷-加热双向调温调湿、光照-CO_2耦联光合调控、空气均匀循环与流通、营养液（EC、pH、DO和液温等）在线检测与控制、图像信息传输、环境数据采集与自动控制等13个相互关联的控制子系统，可实时对植物工厂的温度、湿度、光照、气流、CO_2浓度以及营养液等环境要素进行自动监控，

■ **图 8-2　长春·智能数字植物工厂外围护结构**

■ **图 8-3　长春·智能数字植物工厂内部结构**

左图为蔬菜工厂立体栽培系统，右图为LED多层育苗系统

实现智能化管理。植物苗工厂由双列五层育苗架组成，育苗层采用基质与营养液灌溉相结合的方式，种苗均匀健壮，品质好，单位面积育苗效率可达常规育苗的40倍以上，育苗周期可缩短40%以上；蔬菜工厂采用五层栽培床立体种植，栽培方式选用DFT（深液流）水耕栽培模式，所栽培的叶用莴苣从定植到采收仅用16～18天时间，比常规栽培周期缩短40%，单位面积产量为露地栽培的25倍以上，产品清洁无污染，商品价值高。

长春植物工厂建成后，成为当年举办的第七届中国国际农产品交易会与第八届中国长春国际农业·食品博览（交易）会的最大亮点，截至目前为止，已累计接待国内外参观人士300多万人次，为中国植物工厂的推广与普及起到了重要的推动作用。

8.1.2 上海世博会"低碳·智能·家庭植物工厂"

"低碳·智能·家庭植物工厂"是应 2010 年上海世博会组委会的要求，以未来都市家庭对低碳、绿色、体验等多功能需求为设计理念，由中国农业科学院相关专家于 2010 年初研发完成（见图 8-4、图 8-5）。这款家庭植物工厂设计有三层立体栽培空间，总体种植面积约为 5m²，所用光源全部采用白光 LED，与普通光源相比，可节能 60% 以上；蔬菜种植在 MFT（多功能）水耕栽培床上，由自动控制系统定时进行营养液的循环与供给；系统内的温度、湿度、光照、风速等环境要素可通过计算机系统进行智能调控；同时，物联网的功能也设计在植物工厂系统中，人们可以通过手机、笔记本电脑或 PDA 终端等工具，在任何地点利用 Internet 平台随时了解蔬菜长势，调整控制参数，实现远程监控与管理。

■ 图 8-4 上海世博会展出的"低碳·智能·家庭植物工厂"

■ 图 8-5 家庭植物工厂内部结构

"低碳·智能·家庭植物工厂"第一次把家居生活与植物工厂连接起来，为家庭生活增添了无穷的乐趣和多姿的色彩。一方面通过自己的亲自参与体验，在家里就可生产出绿色、洁净、安全的蔬菜产品，达到修身养性、陶冶情操的目的；另一方面还能利用植物的光合作用调节家居环境，植物在光合过程中可吸收大量的二氧化碳，并释放出氧气，达到自然调节人居环境、创造"天然氧吧"的目的。

家庭植物工厂在 2010 年上海世博会展出后，引起社会的广泛关注，先后有 150 多万人次参观展览，取得了显著的展示效果。

8.1.3 山东寿光LED植物工厂

每年一度的中国（寿光）国际蔬菜科技博览会是国内外蔬菜产业的一大盛会，自 2000 年以来已经连续成功举办了十二届，2010 年仅在 4 月 20 日～ 5 月 20 日一个月的会展期间就有 210 万人次的国内外观众参观展览。该展览会除拥有面积达 10 万平方米、可提供 1200 多个展位的主展区以及十多个分展区外，还拥有 10 多公顷的温室蔬菜新品种、新技术展区，每年都会引进一些高新技术成果在这里展出，独特的展览模式和丰富的文化内涵，在国内外蔬菜及相关产业领域产生了巨大影响。

2009 年 4 月在第十届国际蔬菜科技博览会期间，寿光首次在温室内部建成了一座 40m^2 的 LED 植物工厂，展示了 LED 光源、营养液栽培等植物工厂新技术，引起了极大的轰动（见图 8-6 ～图 8-8）；2010 年在第十一届菜博会期间，又将 LED 植物工厂的面积扩大到 200m^2，分为 LED 果菜植物工厂和 LED 叶菜植物工厂两个区域，并引进了数字化检测与智能化管理等新技术，受到国内外数百万来宾的关注，为植物工厂的普及起到了较好的展示作用。

聚焦寿光菜博会："植物工厂"成菜博会明星

20日，在第十届寿光菜博会上，市民们正在参观"植物工厂"。据了解，今年菜博会新增的人工气候温室，也叫"植物工厂"，是通过配置LED光源补充，全自动控温、控湿、二氧化碳补充等系统，完成一个由人工创造的自然生态环境，植物可以在里面自然生长，是当今国际蔬菜生产尖端技术。（记者 王媛 揖）

在20日开幕的第十届中国（寿光）国际蔬菜科技博览会上，新推出的国际前沿蔬菜种植技术"植物工厂"受到游客和媒体记者的追捧，曝光率迅速提升，一时成为菜博会上最耀眼的明星。

■ **图 8-6 寿光植物工厂展出后的媒体报道**

■ 图8-7　寿光植物工厂入口显示屏　　■ 图 8-8　寿光植物工厂LED光源及栽培系统

8.1.4　辽宁沈阳小韩村蔬菜工厂

辽宁沈阳小韩村蔬菜工厂由沈阳市靓马集团投资建设，于 2010 年 3 月投产运营，是目前国内规模最大的以工厂化方式进行绿色蔬菜立体化、多层次生产的大型蔬菜工厂，占地面积约 45000m²，其中生产示范区面积约 35000m²、配套设施区面积约 10000m²。蔬菜工厂的栽培模式主要以营养液基质培和水耕栽培为主体，以多层立体式种植为特色，在温室条件下应用 LED 光源为多层立体栽培系统进行补光（见图 8-9），使温室的栽培层数达到三层以上，而且蔬菜长势良好，大大提高了温室的空间利用率。

沈阳小韩村蔬菜工厂的研发成功为未来在温室条件下进行人工光立体多层栽培，探索温室环境下人工光植物工厂的新模式，提供了有效的经验借鉴和发展方向。

■ 图 8-9　沈阳小韩村蔬菜工厂

8.1.5 南京汤山翠谷智能数字植物工厂

南京汤山翠谷智能数字植物工厂（见图 8-10～图 8-12）是由南京市国资集团投资建设、中国农业科学院相关专家研发完成的生产型人工光植物工厂，建筑面积为 300m²，由植物育苗工厂和蔬菜工厂两部分组成，以节能荧光灯和 LED 为人工光源，并配有制冷与加热双向调温控湿系统、营养液在线检测与控制系统、光照 /CO₂ 联动气肥增施系统、视频传输及远程监控系统等相关子系统，可实时对植物工厂的温度、湿度、光照、CO₂ 浓度、营养液以及植物生长状况等关键要素进行自动监控，实现智能化调节与控制。

该植物工厂的显著特征是栽培层次进一步提高，达到六层；光源除育苗全部采用 LED 外，其余均采用荧光灯 +LED[红：蓝光质比（R/B）为 5 ： 1] 的新型模式，不仅弥补了荧光灯在红光区域的光谱不足，而且还比全部采用 LED 光源减少了大量的投资费用；系统采用全封闭洁净生产模式，减少了病菌的侵入和农药使用，生产的产品安全、洁净、无污染。

该植物工厂为生产型人工光植物工厂，主要用于探索在大城市郊区采用植物工厂模式生产高品质蔬菜在经济上的可行性。近年来，随着我国城市化进程的加快，城市周边菜地面积不断压缩，迫切需要探索一些高效利用土地的生产模式。南京植物工厂建立在大城市周边，通过多层立体栽培，大大拓展了栽培空间；通过环境高度自动化控制，实现了蔬菜的周年持续稳定生产，并大幅度地提高了单位面积的产量；同时，通过密闭式洁净管理，减少了农药和重金属污染，获取高品质的蔬菜产品，大幅度提高了蔬菜的附加值。因此，南京植物工厂开创了都市型现代农业的新型发展模式，具有广泛的推广价值。

■ 图 8-10 南京汤山翠谷智能数字植物工厂

左为介绍展板,右为内部结构

■ 图 8-11　南京植物工厂LED光源与栽培系统

■ 图 8-12　南京植物工厂LED育苗系统

8.2　植物工厂技术经济分析

技术经济分析是植物工厂建设与运营决策的重要依据，同时也是植物工厂能否取得经济效益的关键。目前，我国在植物工厂的技术经济分析方面还缺乏一些精细的研究报告，同时一些植物工厂也出于相关经济数据保密的原因，尚不太愿意对外公布。因此，在本节中作者将主要借鉴日本学者高辻正基先生的理论、分析方法与相关案例加以阐述。

8.2.1　植物工厂的成本构成

植物工厂的成本一般由两部分构成：一部分为建设与设备成本；另一部分为生产运行成本。建设与设备成本主要包括建筑、照明设备、电器设备、空调设备、给排水设备、水耕栽培设备、配套机械以及工程费用、现场经费等各种经费。在人工光植物工厂中，人工光照明设备在所有设备成本中占比例最大，对于完全采用 LED 光源为照明设备的植物工厂，其成本会更大，LED 费用往往会占到设备总成本的一半左右（当然，近年来随着 LED 技术的快速发展、价格的进一步下降，这一比例也在逐年降低）；生产运行成本，主要包括电费、各种材料（营养液、种子、CO_2 气肥等）费、工人劳务费、物资运输费、人员管理费等可变动费用，以及设备的折旧费等。因此，为了获取经济效益，植物工厂产品销售的收入必须超过可变动费用与折旧费之和。

8.2.2　人工光源生产成本估算

目前，在人工光植物工厂中使用的光源主要有荧光灯、高压钠灯、LED 及其组合等，不同的光源其成本估算也不一样。

8.2.2.1　使用 LED 的植物工厂

首先假定照明成本为 x 元，使用 LED 时的照明成本约占全部设备成本的二分之一（只是假设，随着 LED 价格的变化，这一比例也会随之变化，尤其是近年来 LED 价格一直呈下降趋势）。因此，全部设备成本就约为 $2x$ 元。假定折旧年数为 10 年，则设备的折旧费设为 $x/5$ 元。现在又假设在生产运行成本中折旧费占 30%（即生产运行成本是折旧费的 3.3 倍），那么生产运行成本就等于 $3.3x/5$ 元。设每日生产蔬菜的棵数为 n，总种植数为 m，栽培天数为 t，则 $n=m/t$。当 $t=20$ 天时商品化率为 90%，全年的商品菜总量为：$0.9 \times n \times 360 = 324n$。假设每棵商品菜的生产运行成本为 k 元，则：

$$k=(3.3\,x\,/5)/324\,n=20x/491m=x/24.6m$$

代入种植一棵蔬菜的照明设备成本 $y=x/m$，就简化为：

$$k=y/24.6 \tag{8-1}$$

利用这个简单的公式，只要根据每一棵菜的照明成本，就可以得出种植一棵菜的生产运行成本。

假定使用 LED 的照明设备成本 y 为 6000 円（1 円 =0.08 人民币元），代入式（8-1），k 就等于 244 円，虽然 LED 的使用寿命很长，但计算出只使用 LED 的植物工厂的盈利仍有一定难度。如果要建设一座日产 1000 棵菜的 LED 植物工厂，其建设与设备成本为 $2x=2my=2nty$，经计算为 2.4 亿円。

8.2.2.2 使用一般荧光灯的植物工厂

使用一般荧光灯的植物工厂，假定总设备成本是照明成本（将其设定为比 x 更便宜的 z）的 3 倍，也就是 3z 元。荧光灯的寿命比 LED 短，也将折旧年数简单定为 10 年，随照明设备成本的降低，折旧费也相应的减少，假设为 25%（生产运行成本是折旧费的 4 倍）的话，折旧费为 0.3z，生产运行成本为 1.2z。然后代入种植单棵菜的照明设备成本 y=z/m，得出：

$$k =y/13.5 \tag{8-2}$$

假设使用荧光灯的照明设备成本 y 为 1500 円，代入式（8-2），可得出 k =111 円。使用高压钠灯的植物工厂也可以按这个标准计算。使用荧光灯且日产量为 1000 棵蔬菜时的建设与设备成本为 3z=3my=3nty，得到结果为 9000 万円。

8.2.2.3 LED 与荧光灯并用的植物工厂

最后考虑一下 LED 与荧光灯并用的植物工厂，假定总设备成本为照明设备成本（设为 w）的 2.5 倍，总设备成本为 2.5w。将这种情况下的折旧年数也设定为 10 年，折旧费的比例为 28%（生产成本是折旧费的 3.6 倍），折旧费为 0.25w，总生产成本为 0.9w，代入单棵菜的照明成本 y=w/m，就得出：

$$k=y/18 \tag{8-3}$$

假设 y=3000 円，代入式（8-3）得出 k =176 円。如果要建设一座日产 1000 棵菜的 LED 与荧光灯并用的植物工厂，其建设与设备成本为 2.5w =2.5my=2.5nty，得到的结果为 1.5 亿円。

8.2.3 生产运行成本与设备成本的公式化

如果进行简化，照明设备成本为 x，总体建设与设备成本设为照明设备成本的 a 倍，即为 ax。折旧年数为 10 年，折旧费就等于 ax/10。剩下的可变动费设为折旧费的 b 倍，即为 bax/10，总的生产运行成本为 (1+b)ax/10。每棵商品菜的生产运行成本设为 k，用它除以 0.9n×360=324n，得出 k=(1+b)ax/162m，代入每棵菜的照明设备成本 y=x/m，得出：

$$k=(1+b)ay/162 \tag{8-4}$$

现在，将折旧费占生产运行总成本的比例设为 α ，α =1/(b+1) 代入式（8-4）得出：

$$k=ay/(162\alpha) \tag{8-5}$$

如果将照明设备成本所占比例提高，使每棵商品菜的照明设备成本降低，并提高折旧费所占比例，那么每棵菜的生产成本就会降低。换句话说，a 与 y 值越小，α 的值越大时，生产运行成本就越低，这样的话 a、y 就与 α 成反比关系。

根据前面举出的几个例子可以得出，折旧费的比例 α 与照明设备成本的比例（1/a）之间有以下关系：

$$\alpha =0.25/a+0.18 \tag{8-6}$$

也就是说折旧费的比例与照明设备成本的比例成反比关系。从而可以求出日产

量 n 棵菜的植物工厂的建设与设备成本为：

$$建设与设备成本=20nya \qquad (8-7)$$

人工光植物工厂的前期建设成本，通常以每日产量 1000 棵菜的成本为 1 亿円作为标准，根据情况不同有时达到 1.5 亿円。如果不能控制在 1 亿円上下，就可能造成亏本。当然，如果植物工厂产品附加值很高，也可以从销售环节获取更高的效益，为此应从生产技术和市场营销等多方面去努力，以保证植物工厂效益的最大化。

利用高压钠灯的小型生产系统，日产量为 1500 棵菜，成本将达 2.3 亿円，而日产量为 1000 棵的成本约为 1.5 亿円，虽然感觉有点高，但实际上在日本基本都在这个数字附近。尤其是对 LED 植物工厂，目前日产 1000 棵菜的设备成本均超过了 2 亿円。

如果设法改进常规荧光灯生产系统的照明技术，也许能达到日产 1000 棵菜的成本在 1 亿円以下。目前，在日本植物工厂盈利的农户也不少，其主要原因是其蔬菜的价格一般比露地或其他途径生产的产品价格要高出 1 ～ 1.5 倍，当然取得这些效益的重要条件是需要培养一批对植物工厂产品认可的消费群体，让高品质蔬菜能获得较高的价值。

8.2.4 不同生产规模的经济性评价

生产规模大小也直接影响植物工厂的投资收益，理论上来看规模越大，单位产品的生产成本会越低，取得效益的可能性也越大。但规模越大，初期投资成本也越高。因此，必须根据实际情况，通过科学合理的计算，给出最适宜的生产规模。不同生产规模的经济性评价可以通过以下的一些计算方法来实现。

首先需要进行生产率的计算，生产率用 r 表示，是指单位时间内蔬菜的生长率（一天内重量增加的比率）。将全部叶菜类的纯重量设定为 M，定植量设定为 M_0，生产天数（从定植到收获期的时间）设定为 t，根据通常的指数函数生成的生长曲线，就可以得出有关 r 的公式：

$$r=\ln(M/M_0)/t \qquad (8-8)$$

例如，种植 2g 的叶用莴苣苗，种植期为 20 天，如果收获时重量为 100g 的话，就可计算出 $r=0.2$。

将植物工厂全部种植的棵数设为 m，一天所收获的数量设为 n，那么计划 m 在栽培期间也就是 t 天内轮番收获。根据这个连续生产的原理就得出：

$$m=nt \qquad (8-9)$$

套进式（8-8），就可得出一天收获的棵数：

$$n=mr/\ln(M/M_0)$$

例如，种植 10000 棵蔬菜，生长周期设为 20 天，那么一天就能收获 500 棵。

如果假定植物工厂平均 1 天的全部生产运行成本设为 c，每棵的生产运行成本

设为 k，并除以 n 就得出：

$$k=c \ln(M/M_0)/(mr) \tag{8-10}$$

为降低 k，首先要降低植物工厂的成本，其次要提高 m 值，为此就要进行密植和扩大生产规模，最后选择 r 值大的植物。同时为了促进植物生长，还要对环境进行必要的人工控制。

上述计算虽然能够确定植物工厂 1 天的全部生产运行成本 c 与种植棵数 m 的关系，但却对规模优势并没有一个正面的评价。因此引入了植物工厂单棵种植的成本：$j=c/m$。j 与 m 的关系反映了规模优势。这一数学关系表明，增加种植棵数 m，j 就减少，显示出 j 与种植棵数成反比。

例如，日产 1 棵蔬菜的超小型家庭植物工厂，如果一天生产了 2 棵的话，生产运行成本就大幅度降低；同样一天也是增产 1 棵，每天生产 1000 棵蔬菜的植物工厂达到 1001 棵的水平，其生产运行成本的降低程度就远不如前者。总体来讲，通过扩大规模、减少运行成本是基于现有的栽培规模，也就是与种植棵数成反比。

$$\Delta j / \Delta m = -s/m \tag{8-11}$$

这里的 s 被称为"合理化因子"，与依存于多种因素的 m 关系不大。通过选用便宜的设备、材料，节约能源、节省空间、提高照明效率等，就可以提高这个值。

由式（8-11）可得出，通过扩大规模，每棵菜的成本就可以减少 $\Delta j=j_0 - j$，也就是

$$\Delta j=s \ln(M/M_0) \tag{8-12}$$

这里 j_0 表示的就是扩大规模前种植 M_0 棵菜时单棵菜的成本。现在，通过扩大规模，每棵菜减少的生产成本 Δk，就可以得出下式：

$$k=(s/r)\ln(M/M_0)\{j_0/s - \ln(M/M_0)\} \tag{8-13}$$
$$\Delta k=(s/r)\ln(M/M_0) \ln(M/M_0) \tag{8-14}$$

不同规模的荧光灯植物工厂的成本分析：表 8-1 显示的是日本一家荧光灯植物工厂（高柳氏）的盈利情况分析。通过分析日产 2000 棵和日产 10000 棵菜不同生产规模下每棵 100g 重量的蔬菜所花费的可变动费、劳务费、折旧费、销售费用（货物运输费）、人员管理费，以及合计的生产运行成本，进而来评价植物工厂的规模优势。

这是一家典型的人工光植物工厂，假设 $(1/r) \ln(M/M_0)$ 为 15，其种植棵数为 $m=28000$ 棵（日产 2000 棵）时，$k=84$ 円；$m=140000$ 棵（日产 10000 棵）时，$k=72.8$ 円。利用式（8-13）可得到 $J_0=5.6$ 円，$s=0.45$ 円，$\Delta k=11$ 円，同时通过各种因素的改进使 s 值增大（生产成本下

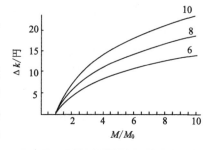

■ 图 8-13　利用光谱特点的效果图

横轴是光谱的倍数　纵轴是成本下降值

降）。图 8-13 显示的是由上式演算出的结果，$(s/r)\ln(M/M_0)$ 参数分别取 10、8、6。

表 8-1 荧光灯植物工厂的收支（高柳氏植物工厂）

生产量	日产棵数	2000		10000	
	年产棵数	720000		3600000	
项目		单价/（円/棵）	金额/（千円/年）	单价/（円/棵）	金额/（千円/年）
可变动费用	电费	16.55		16.55	
	其他	4.08		4.08	
	小计	20.63	14854	20.63	74268
劳务费		20.00	14400	20.00	72000
折旧费	土地 建筑	3.34		2.48	
	电费 给排水	1.56		1.56	
	设备	13.22		13.22	
	小计	18.12	13046	17.26	62136
设备金额（参考）/千円		92280		441600	
销售用费	包装	5.00		5.00	
	运送	6.33		3.80	
	小计	11.33	8158	8.80	31680
人员管理费	工厂负责人	8.33	5998	1.67	6012
	销售员	5.56	4003	3.61	12996
	办公人员	0		0.83	2988
	小计	13.89	10001	6.11	21996
经费合计		83.97	60459	72.8	262080

针对表 8-1 可作如下说明：当商品率为 90% 时，日产 2000 棵的生产人员需要 9 个人，日产 10000 棵的生产人员需要 42 人，每棵菜的生产成本分别为 84 円和 72.8 円，从这个数字可以看出荧光灯植物工厂的可行性（日本植物工厂叶用莴苣的单棵售价约 150 円）。但是从估价这方面来看，本案例的设备成本估值有些偏低，日产 2000 棵的成本不足 1 亿円，日产 10000 棵的成本为 4.4 亿円，实际上建造像高柳氏这种令人满意的植物工厂投入的资金比这个数字要大。此外，在这里将折旧费的比例定在 21%（18 円 /84 円）也比实际生产中的折旧费比例要低一些，一般荧光灯植物工厂折旧费的比例为 25%。

8.2.5 实际生产成本的分析案例

实际植物工厂的成本要通过栽培数据和各种成本进行详细的计算，现以三浦农场的成本分析为例来加以说明。

三浦农场是日本首个将完全人工光植物工厂运用于实际的范例。工厂的总面积为 400m²，内部构造见图 8-14 所示，栽培面积为 240m²，育苗室的面积为 70m²。全部使用高压钠灯，栽培室的环境设定为：光照强度 2440μmol/(m² · s)(2×10⁴lx)，日长 12h，温度 22℃，二氧化碳浓度为 1000×10⁻⁶。种植的是莴苣和叶用莴苣，定植时约 3～6g，收获时可分别达到 80g 莴苣、150g 叶用莴苣。莴苣的栽培周期为 12 天，叶用莴苣为 14 天。

莴苣和叶用莴苣每日产量为 450 棵（年产量大约为 16 万棵），每棵售价 105 円销往两个超市，年销售额达 1700 万円。而另一面，一年的成本，首先是设备成本，当时投资仅为 4500 万円，现在应该有所提高。以 10 年的折旧时间来算，折旧费为 450 万円。使用高压电源，白天 13 円 /(kW · h)，夜间 6.7 円 / (kW · h)。白天的电力主要用于照明，夜间的电力主要用于制冷空调。电费每年消耗 537 万円，其他的材料、肥料、种苗、税费等杂费合计 248 万円，假设年利率为 5%，一年的利息也要 200 万円。因为只有夫妻二人工作，就没有其他的劳务费，这一部分合计要 1435 万円左右。因此，综合算起来，每年利润可达 250 万円，是一种可行的模式。

同时，按照以上的数值计算，三浦农场每棵菜的生产成本为 89 円。虽然植物工厂的规模很大，除夫妻二人外，一般只用一个打工的人员就可以了，以每小时 700 円，一天工作 5h 计算，每棵菜里含有人工费成本约为 7 円，这样每棵菜的生产成本就是 96 円。如果售价能控制在这个数字之上，就可以毫无顾虑地创建植物工厂。

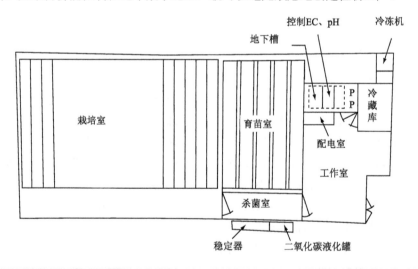

■ 图 8-14　三浦农场植物工厂的构造

P：泵

第**9**章

前景展望

9.1 国际趋势

植物工厂作为设施农业的最高级发展阶段，集中融合了现代工业、生物工程以及信息技术等高新技术手段，是一种有别于传统农业的新型生产模式，其显著特征是技术的高度密集和现代科技成果的综合应用，因此，新技术的不断嫁接和应用是其发展的内在动力；同时，植物工厂的环境相对可控性以及不依赖土壤的特征，也为其在城郊荒地、建筑物屋顶或地下室、沙漠、戈壁等非可耕地，甚至外层空间和其他星球上进行植物生产成为可能；此外，植物工厂对自然光的依赖也比传统农业大为减弱，从而使植物在摩天大厦等环境下种植成为可能，为未来农业向垂直空间发展提供了有效的技术支撑。植物工厂是现代科技集成创新的产物，同时也为农业科技革命提供了有效的手段，必将会引领未来农业的发展。

9.1.1 技术发展趋势

植物工厂的技术高度密集决定了其对新技术引入的持续动力，近年来随着节能与新能源利用、蔬菜品质调控、新型传感器与智能控制以及物联网等新技术在植物工厂的广泛应用，植物工厂正在向节能、高效和智能化方向拓展。其主要技术发展趋势包括如下。

9.1.1.1 LED节能光源及其调控技术

照明是植物工厂能耗的重要组成部分，统计表明，在以荧光灯为人工光源的植物工厂中，照明能耗约占系统总能耗的80%（Kozai）。近年来，随着LED（发光二极管）的研制成功，世界各国科学家都在尝试运用LED的单色性特征，通过不同光谱LED组合后形成特定的光源以代替荧光灯等传统光源，大大减少了植物工厂的照明能耗。研究表明，在人工光植物工厂系统中，使用荧光灯每平方米需要配备0.5kW的光源，而采用LED仅需要配置0.27kW就能满足要求，因此可以节省50%左右的能源。然而，LED光源目前在植物工厂的普及应用还存在不少"瓶颈"。首先是LED的单色性与植物光合需求的光谱匹配问题，植物光合作用在可见光光谱（380～760nm）范围内，所吸收的光能主要以波长610～720nm（波峰为660nm）的红、橙光以及波长400～510nm（波峰为450nm）的蓝、紫光为吸收峰值区域，选用红、蓝光LED组合形成的光源进行植物生产已经成为植物工厂光源发展的重要方向，但单色光组合与植物广域的光谱需求仍有不少差距，适宜于植物生长需求的LED组合光源的研究仍有待深入；其次是LED的价格问题，近年来，随着半导体技术的不断发展，LED成本已经得到大幅度降低，但与实际生产能承受的价格仍有一定的距离，世界各国学者都在不断探寻，希望能开发出一些经济、实用的LED光源及其配套装置，为植物工厂的普及推广做出积极贡献。

9.1.1.2　新能源的开发与应用技术

能耗一直是植物工厂运行成本的重要组成部分，世界各国学者都在探索植物工厂的节能措施和新型清洁能源的利用技术。除选用新型节能光源 LED 替代传统的高压钠灯和荧光灯外，还在积极探索新型清洁能源的应用，如太阳能、风能、生物质能等，日本三菱化学公司 2009 年以来利用太阳能光伏发电与 LED 结合，在其人工光植物工厂中安装了 18kW 的太阳能光伏发电装置用于系统运行，以减少对外部能源的依赖；同时，一些植物工厂还采用热泵与空调系统结合来解决环境控制的能耗问题等，系统的 COP 值可达 3 ～ 5，显著降低了系统的能耗。

9.1.1.3　全程智能化调节与控制技术

采用计算机系统对植物工厂的温度、湿度、光照、CO_2 浓度等环境因子以及营养液温度、溶氧、pH 值和 EC 值等进行自动检测。同时，利用作物发育模型对各类蔬菜不同生育阶段的环境因子和营养需求，开发出相应的控制软件，实现对系统的智能化调节与控制，从而保证植物工厂的作物始终处于最佳的生长状态。目前，植物工厂智能调控重点关注的研究方向包括：作物生理信息监控的传感器技术、图像处理和通讯技术，多变量协同最优控制，基于运行参数的自适应控制，基于具有自学习能力和推理机制的人工神经网络、遗传算法、模糊控制策略等。

9.1.1.4　物联网技术的应用

物联网技术在植物工厂的应用近年来已经成为研究的热点，具体发展方向包括：通过射频识别（RFID）、二维码、传感器等感知、捕获、测量技术实现对植物工厂系统进行实时信息收集和获取；其次，将获取的信息接入网络系统，再借助各种通信网络（如因特网等），可靠地进行信息实时通信和共享；最后，通过各种智能计算技术，对获取的数据信息进行分析和处理，实现对植物工厂的智能化决策和远程监控。 2010 年，中国农业科学院在其所研制的微型植物工厂系统中首次应用物联网技术，通过信息传感、视频监控装置以及网络传输系统，使植物工厂与互联网连接实时进行信息交换、通讯、智能化监控和调节与控制，同时还利用手机、笔记本电脑、PDA 等终端，实现在任何地点了解蔬菜长势和相关信息，进行在线调节与控制和远程监控。

9.1.2　热点领域

9.1.2.1　无所不在的植物工厂

近年来，随着植物工厂的广泛应用，国际上提出了一种叫 "ubiquitous plant factory" 的概念，即植物工厂可以实现 "无所不在。"植物工厂既可以应用于生产领域，进行高品质蔬菜的规模化生产，同时还可以应用于日常生活的各个领域，如大型商场、超市、学校、医院、车站、办公楼宇、家庭、餐厅、会议中心等非生产性场所（见图 9-1，图 9-2），一方面可充分利用这些空间进行植物生产，同时绿色植物还可以显著改善这些场所的生态环境，调节人们的身心，一举数得。

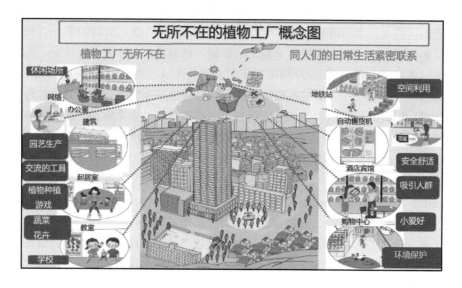

■ **图 9-1 无所不在的植物工厂概念图**
来自于古在丰树教授

■ **图 9-2 超市植物工厂**
日本

9.1.2.2 垂直农场

垂直农场（vertical farming），也称摩天大楼农业（skyscraper agriculture）、大厦农业或垂直农业，是一种通过在人工修筑的多层建筑里模拟农业生物的生长环境，进行动植物周年连续生产，并显著提升土地利用率的高效农业系统。垂直农场就像我们居住的房屋从平房向高楼进化一样，农业生产也从露地向多层立体空间发展，单位土地的利用效率可达露地生产的数百倍甚至上千倍。垂直农场是在植物工厂基础上发展起来的一种生产模式，是植物工厂向空间进一步拓展、从工程角度解决资源难题的有效手段。

垂直农场的概念最早由美国哥伦比亚大学环境学教授和微生物学家迪克森·德斯波米尔提出，随后得到世界各国学者的响应，目前已有 20 多个国家的相关学者提出了 30 多种垂直农场的设计方案。图 9-3 是迪克森·德斯波米尔与设计师克里斯 - 雅克布斯共同设计完成的早期垂直农场方案，在塔形建筑物顶部，有一个巨大的太阳能电池板，可以随着太阳位移而转动。窗户也很特别，具有防污染功能，不易凝结水珠，可以使室内的植物能够照射到更多的阳光；利用收集的雨水及城市污水净化后的水源用于灌溉，减少水资源浪费；同时，运用太阳能以及焚化植物废弃物产生的电力供应农场运行；楼下的杂货铺和餐馆可直接向大众提供新鲜食物。

■ **图 9-3　垂直农场假想图**
由迪克森·德斯波米尔与克里斯-雅克布斯共同设计

图 9-4 是比利时建筑设计师文森特·卡尔博特根据蜻蜓的双翼设计的一种"蜻蜓垂直农场"。在这栋 132 层的巨型建筑中，包括了 28 个不同的农业生产领域，可以进行水果、蔬菜、肉类、牛奶和鱼类等各种农副产品的生产。同时，在这个农场中还包含有多个实验区、办公区和居住区等生活空间。

■ **图 9-4　蜻蜓垂直农场简图**
文森特·卡尔博特设计

9.2　国内发展战略

9.2.1　植物工厂具有广泛社会需求

与欧美和日本相比,中国植物工厂起步相对较晚,但发展较为迅速。综合起来分析,推动中国植物工厂的发展主要有以下几方面的社会需求。

(1)设施农业高技术展示的需要　中国现有 6000 多个农业科技园区,很多园区都是由政府直接或间接参与建立起来的,园区很重要的一个功能是技术的展示与示范,植物工厂作为设施农业最高级发展阶段的技术成果,因此被很多园区作为优先考虑的方向,如山东寿光、吉林长春、江苏南京等地的农业园区,通过建设植物工厂,打造精品亮点,并与博览会、展览会、观光等活动结合起来,形成广泛的社会影响。仅山东寿光蔬菜博览会,2011 年度参观人数就达 210 万人次。

(2)高品质蔬菜生产的需要　近年来,蔬菜安全事件时有发生,尤其是药残超标等问题,已经引起全社会的关注,广大消费者迫切需要市场能够提供洁净、安全的蔬菜产品。植物工厂作为一种在完全密闭环境下进行蔬菜生产的高效农业方式,可有效阻止病虫害的侵入,并采取清洁安全的方式进行生产,蔬菜品质能得到有效保证,因此市场空间越来越大。如沈阳小韩村蔬菜工厂、北京顺鑫农业的水培蔬菜工厂等为城市高端消费群体、某些餐饮店等提供洁净安全的蔬菜产品，取得了显著的经济效益。

（3）植物工厂科研的需要　植物工厂综合集成了现代工业、生物工程以及信息技术等高技术成果，尤其是近年来在节能与新能源利用、蔬菜品质调控、新型传感器与智能控制以及物联网等新技术领域发展迅速，技术的发展和社会广泛需求推动了植物工厂的科研工作，一些科教单位都在建立不同规模的植物工厂实验系统，进行相关技术的研发。如中国农业科学院农业环境与可持续发展研究所先后建成 3 个植物工厂实验室，面积分别为 $20m^2$、$100m^2$ 和 $1670m^2$，在 LED 光源、营养液循环与控制、智能化调节与控制以及物联网技术等方面取得了多项开拓性成果。

（4）都市化发展的绿色需求　随着城市化的快速发展，高楼林立、人口密集、空气污染加剧等现实问题将一直伴随都市化的进程，都市居民对安全农产品和绿色空间的需求与日俱增，"无所不在"的植物工厂在北京、上海、深圳等大都市有着广泛的期待，建筑屋顶、地下室、居民小区、超市、餐厅、学校、会议中心、家庭等均是植物工厂发展的重要场所。

9.2.2　植物工厂发展面临的问题

植物工厂虽然拥有广泛的社会需求，但在实际发展中也面临诸多问题，如初期建设成本过高、能耗较大、蔬菜品质保障以及如何获得经济效益等。

（1）初期建设成本相对较高　植物工厂需要在封闭或半封闭环境下进行作物生产，因此需要构建包括外维护结构、空调系统、人工光源装置、多层栽培架、营养液循环与控制系统以及计算机调节与控制系统在内的相关工程与配套装备，投资成本比露地、温室大棚等生产设施相对较高，完全密闭式植物工厂一般建设费用可达 $5000 \sim 10000$ 元 / m^2。降低初期建设成本，尽可能选用普通民用材料和装备，已经成为植物工厂发展的重要方向。

（2）能耗较大问题　能耗一直是影响植物工厂发展的主要"瓶颈"，植物工厂的能耗分布为：照明约占 80%、空调占 16%、其他占 4%（Kozai）。因此，选用节能光源，如 LED 等，以减少人工光的能耗；采用节能空调机组和优化控制方法，如选用热泵、采用光温耦合控制模式等，以减少空调能耗；同时，积极探索清洁能源的利用，如应用太阳能光伏发电系统、风能或生物质能源等，已经成为植物工厂研究的热点。

（3）蔬菜品质保障问题　植物工厂主要采用水耕栽培，通过人工配制的营养液进行蔬菜生产，很多人担心植物工厂生产的蔬菜在口感方面与土壤栽培有差距，同时还有就是在水耕栽培和土壤栽培中都会出现肥料过剩现象，也就是硝态氮过剩的问题。目前，已经找到了提高植物工厂蔬菜口感风味与营养品质的方法，主要是通过控制硝态氮的使用、采前短期连续光照以及增加一些微量元素等方法来解决。

（4）经济效益问题　植物工厂在我国目前还未完全普及，但这只是时间的问题。

植物工厂的普及推广与经济效益密不可分，建设与经营单位必须获取显著的效益才愿意去投入。植物工厂由于初期投资较大、运行成本较高等原因，产出的蔬菜比普通农场种植的蔬菜成本要高出 5% ~ 200%。要想实现植物工厂的普及，一方面要尽可能降低设备折旧的成本，另一方面就是要实现高附加值作物能以高价格卖出，要使植物工厂生产的产品受到消费者的认可，使市场接受无农药污染、新鲜、洁净的植物工厂产品。在日本，通过多年的宣传，普通植物工厂农户已经能获得较高的效益。如安阴野市的三乡高科技农场，在努力开拓超市市场的同时，以在东京的几位三明治销售商为开端，每棵 50g 的蔬菜以 97 円的价格卖出，日产 1500 棵，取得了较好的效益。

9.2.3　我国植物工厂发展战略

植物工厂具有显著提升资源利用效率，大幅度提高作物产量，保证食品安全，抵御自然灾害以及吸引大批有知识年轻人参与、实现农业可持续发展的现代农业特征，是当前或今后一段时期我国设施农业发展的重点领域。因此，我们必须采取积极措施，加大植物工厂研究和开发力度，并从政策、资金和人才培养上扶持植物工厂的发展，为实现植物工厂的快速发展做出积极贡献。

（1）国家应从战略的高度，加大植物工厂的研究与开发力度　植物工厂是现代农业的重要窗口，它的发展在一定程度上反映了一个国家和地区农业高技术发展的水平，同时也必将是未来国际农业高技术竞争的重要方向。植物工厂是一项系统工程，涉及多个学科和多系统的整合。因此，国家应从战略的高度，尽早启动相关的科研项目，进行多学科的协同攻关，同时还应借鉴发达国家的先进经验，倡导机械、电子、精密仪器、重工业、化学工业等大型企业与科研教育部门联手、优势互补、共同发展，加快实现植物工厂的产业化。

（2）国家应从长远发展考虑，加大对植物工厂的政策和资金扶持力度　植物工厂是一项高投入、高技术、高产出的生产方式，在发展初期，离不开国家政策的扶持，日本的发展充分证明了这一点，多年来，日本政府采取补贴 50% 的手段，推进植物工厂的发展。如日本东京电力株式会社初期建设的 330m^2 植物工厂，其建设费用分担比例为：国库补助 50%，地方政府 7%，企业自身 43%。由于企业初期投入较低，该植物工厂运营后，取得了不错的效益，具体经营分析如下：① 固定资产投资为 7200 万円，年折旧为 586 万円，加上供贷利息、税收等，年均折旧费 1162 万円；② 系统运行及流通费用为 605 万円。生产奶油生菜，年产 23.5 万株，生产番茄嫁接苗，年产 280 年株。由于有政府的补助政策扶持，每株生菜成本为 46.5 円，每株番茄嫁接苗成本为 18.8 円，而相应的售价均达到或超过其成本价的一倍以上，利润空间很大。因此，我们应该从长远的战略高度出发，将植物工厂列入国家重点扶持的产业项目之中，大力扶持、积极推进、稳步发展。

（3）国家应按循序渐进的原则，通过试验示范，稳步推进植物工厂的发展　植物工厂的发展离不开所在地区的社会经济环境，区域发展的不平衡以及地区内部的经济差距也影响到植物工厂的发展。因此，在发展战略上，国家有关部门应制定出长期的发展规划，在建设区域上，应先从经济发达地区和城市开始，在北京、上海、深圳、天津等消费水平高的大都市城郊建设若干个植物工厂示范基地，进而向全国普及推广；在建设规模上，应坚持循序渐进、先易后难、先小后大的原则，通过小规模应用与示范，逐步摸索经验，进而进行规模化推广；在优先发展领域上，农业科技园区、高品质蔬菜生产企业、城市社区等特殊场所对植物工厂需求最为迫切，应优先考虑在这些区域建设植物工厂，以满足社会的广泛需求，更好地推动植物工厂的普及。

9.3　未来展望

（1）植物工厂将会在资源替代战略中发挥积极作用　未来农业发展将长期受到人口不断增长、食物需求上升、耕地减少、淡水资源紧张、自然灾害（旱、涝、风、雪）频发以及沙漠化等诸多困惑，如何利用有限的资源，满足日益增长的社会需求，是摆在人类面前的重大挑战。"资源替代战略"是解决人类挑战的重要手段之一，所谓"资源替代"是指通过现代工程技术手段，创建或优化农业生产中的环境要素（光照、温度、湿度、CO_2 等可再生资源），以达到提高不可再生资源（土地、水和矿质养分）的利用效率（相当于通过环境手段使资源增殖），实现资源高效利用的现代农业生产模式。植物工厂是"资源替代战略"的重要实现形式，能显著提高单位资源的利用效率，必将对解决人类食物保障问题发挥重要作用。

（2）植物工厂将会让非可耕地成为食物生产的重要基地　植物工厂的显著特征是不依赖于土壤，因此，只要有一定的工程投入，就可以实现在城郊荒地、建筑物屋顶或地下室、水上、沙漠、戈壁等非可耕地上进行植物生产，让不毛之地成为食物的重要基地；同时，植物工厂还可以实现"无所不在"，任何空间都可以成为植物生产的场所，这样可大大增加农用土地的面积，为社会提供更多的就业和食物生产途径。

（3）植物工厂将使垂直农业成为可能　垂直农业（或垂直农场）是未来人类解决资源紧缺、人口膨胀问题的重要途径之一，它是把人类住宅从平房向高楼发展的理念用于了农业，使单位土地的利用效率提高了数百倍甚至上千倍。垂直农场的技术基础是植物工厂，因此，植物工厂的发展必将对垂直农场的发展提供有效的技术支撑。

（4）植物工厂为太空和星球探索的食物自给提供了技术支撑　21 世纪必将是人

类走出地球，进入外层空间、月球和其他星球探索的时代。美国航空航天局（NASA）早在 20 多年前，就组织相关大学科研机构进行太空食物自给的研究。植物工厂在天空和其他星球只要有一定的电力（如太阳能）、适当的水资源就可以进行植物生产，因此，被认为是人类探索太空进行食物生产的最有效手段，必将对人类走向外层空间做出积极的贡献。

参考文献

[1] 汪懋华．工厂化农业的发展与工程科技创新．北京：北京出版社，2000．

[2] 连兆煌．无土栽培原理与技术．北京：中国农业出版社，1992．

[3] 张福墁．设施园艺学．北京：中国农业大学出版社，2000．

[4] 邹志荣．园艺设施学．北京：中国农业出版社，2002．

[5] 刘士哲．现代实用无土栽培技术．北京：中国农业出版社，2000．

[6] 张成波，杨其长．植物工厂研究现状及发展趋势．华中农业大学工报增刊，2004．

[7] 陈洪国．LED 在植物工厂中的应用．液晶与显示，1996，11(4)．

[8] 邱雪峰等．设施栽培中营养液成分的在线检测．农业工程学报，2000，16(1)．

[9] 杜建福．营养液检测与控制技术概况．山东工程学院学报，2002，16(1)．

[10] 李式军．设施园艺学．北京：中国农业出版社，2002．

[11] 冈本嗣男普．生物农业智能机器人．邹诚译．北京：科学技术文献出版社，1992．

[12] 杨邦杰．农业生物环境与能源工程．北京：中国农业科学技术出版社，2002．

[13] 崔引安．农业生物环境工程．北京：中国农业出版社，1994．

[14] 马太和．无土栽培．北京：北京出版社，1985．

[15] 山崎肯哉著．营养液栽培大全．刘步洲等译．北京：北京农业大学出版社，1989．

[16] 贺冬仙，杨其长．植物生产中的人工光环境调控．农业与生物系统工程科技教育发展论坛，2002．

[17] 李式军等编译．现代无土栽培技术．北京：北京农业大学出版社，1989．

[18] 韦三立．花卉无土栽培．北京：中国林业出版社，2001．

[19] 赤木　静．ハイテク農業施設－TS ファム．植物工場ハンドブック．神奈川県：東海大学出版会，
      1997：97-101．

[20] 小澤行雄．園芸施設入門．東京：川島書店，1994．

[21] 日本施設園芸協会．植物工場のすべて．富民協会，1986．

[22] 日本施設園芸協会．養液栽培の手引き．東京：誠文堂新光社，1997．

[23] 古在豊樹．閉鎖型苗生産システムの開発とぃ利用．東京：養賢堂，1999．

[24] 日本電力中央研究所．ネオファーム．東京：農業電化協会，1988．

[25] 板木利隆．施設園芸－装置と栽培技術．東京：誠光堂新光社，1985．

[26] 位田晴久．培養液调节与控制．植物工場ハンドブック．神奈川県：東海大学出版会，1997：86-93．

[27] 小倉東一．植物工場の今後の課題と対策．東京：日本施設園芸協会，2000．

[28] 村瀬治比古．植物工場－その歩みと将来展望．東京：日本施設園芸協会，2000．

[29] 古在豊樹．植物苗工場．植物工場ハンドブック．神奈川県：東海大学出版会，1997：148-155．

[30] 山崎光耕宇．新編農学大事典．東京：養賢堂，2004：1161-1168．

[31] 田本　均．太陽光利用型植物工場（KL 式）．日本植物工場学会，1998.

[32] 古在豊樹．新施設園芸学．東京：朝倉書店，1992.

[33] 高辻正基．植物工場ハンドブック．神奈川県：東海大学出版会，1997：3-9

[34] 高辻正基．完全制御型植物工場．東京：オーム社，2007.

[35] 橋本　康．植物環境制御入門．東京：オーム社，1987.

[36] 渡辺博之．LED 光源．植物工場ハンドブック．神奈川県：東海大学出版会，1997：44-49.

[37] Albright L D. Environment control for animals and plants. An ASAE textbook number 4 in a series published by the Americian Society of Agricultural Engineers. Pamela De Vore-Hansen, Editor. Technical publications August, 1990：7-48.

[38] Albright L D.Greenhouse systems：Automation, Culture, and Environment. Proceedings from the Greenhouse International Conference, 1994.

[39] Bohanon H R,et al.Environment Control Handbook for Livestoch Confinement. ACME,1983.

[40] R Infante, E Magnanini, B Righetti. The role of light and CO_2 in optimizing the conditions for shoot proliferation of Actinidia deliciosa in vitro. Physiol. Plant, 1989，77：191-195.

[41] He D, Q Yang, C Ma, E Lin. Artificial light environmental control in plant production systems. Forum on Agriculture & Biosystem Engineering Development strategy, 2002, 5：28-30, 178-183.

[42] DeKorne J B.The Hydroponic Hot House：Low-cost High-Yield Greenhouse Gardening Unlimited (Soilless Cultivation). London：Pelham Books, 1992.

[43] Eugeue Reiss A J.Both.Open-Roof Greenhouse Update.Horticultural Engineering, 2001, 7, 16(14)：1-2.

[44] James W, Boodley .The Commercial Greenhouse.2nd. ed.New york：Delmar Publishers, 1996.

[45] Huq E. Degradation of negative regulators：a common theme in hormone and light signaling networks? Trends in Plant Science, 2006, 11：4-7.

[46] Brown C S, A C Schuerger, J C Sager. Growth and photomorphogenesis of pepper plants grown under red light-emitting diodes supplemented with blue or far-red illumination. J. Amer. Soc. Hort. Sci,1995, 120：808-813.

[47] Bula R J, R C Morrow, T W Tibbitts, D J Barta, R W Ignatius, T S Martin. Lightemitting diodes as a radiation source for plants.Hort Science, 1991, 26：203-205.

[48] Cao G, Sofic E, Prior R L. Antioxidant and prooxidaant behavior of flavonoids：structure–activity relationships. Free Radic. Biol. Med, 1997, 22：749-760.

[49] Chen L, Wu Z. Effects of UV-B on growth, yield and quality of pakchoi. Journal of Plant Resources and Environment , 2008,17（1）：43-47.

[50] Demšar J, Osvald J, Vodnik D. The effect of light-dependent application of nitrate on the growth of aeroponically grown lettuce (*Lactuca sativa* L.). Journal of the American Society for Horticultural Science, 2004, 129(4)：570-575.

[51] Eichholzer M, Gutzwiller F. Dietary nitrates, nitrites, and N-Nitroso compounds and cancer risk：a review of the epidemiologic evidence. Nutrition Review, 1998, 56(4)：95-105.

[52] Folta K M, Childers K S. Light as a growth regulator : controlling plant biology with narrow-bandwidth solid-state lighting systems. Hort Science, 2008, 43(7) : 1957-1963.

[53] Gangolli S D, van den Brandt P, Feron V J, Janzowsky C, Koeman J H, Speijers G J. Nitrate, nitrite and N-nitroso compounds. European Journal of Pharmacology : Environmental Toxicology and Pharmacology, 1994, 292(1) : 1-38.

[54] Gniazdowska-Skoczek H. Effect of light and nitrates on nitrate reductase activity and stability in seedling leaves of selected barley genotypes. Acta Physiologiae Plantarum, 1998, 20(2) : 155-160.

[55] Goins G D, N C Yorio, M M Sanwo, C S Brown. Photomorphogenesis, photosynthesis, and seed yield of wheat plants grown under red light-emitting diodes (LEDs) with and without supplemental blue lighting. J. Expt. Bot, 1997, 48 : 1407-1413.

[56] Hemming S. Use of natural and artificial light in horticulture-interaction of plant and technology. Acta Horticulturae, 2011, 907 : 25-35.

[57] Kim H H, Wheeler R M, Sager J C, Goins G D. A comparison of growth and photosynthetic characteristics of lettuce grown under red and blue light-emitting diodes (leds) with and without supplemental green LEDs. Acta Hort., 2004, 659 : 467-475.

[58] Lee S K, Kader A A. Preharvest and postharvest factors influencing vitamin C content of horticultural crops. Postharvest Biology and Technology, 2000, 20 : 207-220.

[59] Li J C, Liu W K, Yang Q C. Strategic idea of replacing resources with environmental factors in agricultural production through protected agricultural technology. Chinese Agricultural Science Bulletin, 2010, 26(3) : 283-285.

[60] Liu W K, Du L F, Yang Q C. Biogas slurry added amino acid decrease nitrate concentrations of lettuce in sand culture. Acta Agriculturae Scandinavica Section B-Soil and Plant Science, 2009, 59 : 260-264.

[61] Liu W K. Occurrence, fate and eco-toxicity of antibiotics in agro-ecosystems : A review. Agronomy for Sustainable Development, DOI : 10.1007/s13593-011-0062-9.

[62] Liu W K, Yang Q C, Du Lianfeng. Short-term treatment with hydroponic solutions containing osmotic ions and ammonium molybdate decreased nitrate concentration in lettuce. Acta Agriculturae Scandinavica, Section B - Soil & Plant Science, 2011, 61(6) : 573-576.

[63] Liu W K, Qichang Yang, Zhiping Qiu. Spatiotemporal changes of nitrate and Vc contents in hydroponic lettuce treated with various nitrogen-free solutions. Acta Agriculturae Scandinavica, Section B - Soil & Plant Science, DOI : 10.1080/09064710.2011.608709.

[64] Liu W K, Yang Q C, Du L F. Soilless cultivation for high-quality vegetables with biogas manure in China : feasibility and benefit analysis. Renewable Agriculture and Food Systems, 2009, 24(4) : 300-307.

[65] Liu W K, Yang Q C, Du L F. Effects of short-term treatment with light intensities and hydroponic solutions before harvest on nitrate reduction in leaf and petiole of lettuce. Acta Agriculturae Scandinavica, Section B - Soil & Plant Science, 2012, 62(2) : 109-113.

[66] Liu W K, Yang Q C, Du L F. Effects of short-term treatment with light intensity and hydroponic solutions before harvest on nitrate reduction in leaf and petiole of lettuce. Journal of Plant Nutrition (submitted after revision).

[67] Liu X Y, Chang T T, Guo S R, Xu Z G, Li J. Effect of different light quality of led on growth and photosynthetic character in cherry tomato seedling. Acta Hort., 2011, 907 ： 325-330.

[68] Liu XiaoYing, Guo ShiRong, Xu Zhiang , Jiao XueLei，Takafumi Tezuka. Regulation of chloroplast ultrastructure, cross-section anatomy of leaves and morphology of stomata of cherry tomato by different light irradiations of LEDs. Hortiscience, 2011, 45 (2) ： 1-5.

[69] Marcelis L F M, Snel J F H, de Visser P H B, et al. Quantification of the growth responses to light quantity of greenhouse grown crops. Acta Horticulturae, 2006, 711 ： 97-104.

[70] Matsuda R, K Ohashi-Kaneko, K Fujiwara, E Goto, K Kurata. Photosynthetic characteristics of rice leaves grown under red light with or without supplemental blue light. Plant & Cell Physiol, 2004, 45 ： 1870-1874.

[71] Morrow R C. LED lighting in horticulture. HortScience, 2008, 43 ： 1947-1950.

[72] Mozafar A. Decreasing the NO_3^- and increasing the vitamin C contents in spinach by a nitrogen deprivation method. Plant Foods for Human Nutrition, 1996, 49 ： 155-162.

[73] Nitz G M, Grubmuller E, Schnitzler W H. Differential flavoniod response to PAR and UV-B light in chive (Allium schoenoprasum L.).Acta Hort., 2004, 659 ： 825-830.

[74] Ohashi K K, Matsuda R, Goto E, Fujiwara K, Kurata K. Growth of rice plants under red light with or without supplemental blue light. Soil Science and Plant Nutrition, 2006, 52 ： 444-452.

[75] Ohashi-Kaneko K, Takase M, Kon N, Fujiwara K, Kurata K. Effect of light quality on growth and vegetable quality in leaf lettuce, spinach and komatsuna. Environ. Control Biol, 2007, 45 ： 189-198.

[76] Peng Y, Ai X. A review on effects of UV-B increase on vegetables. Modern Horticulture, 2010, 6 ： 16-17.

[77] Rozema J, Staaij J vd, Bjorn L O, Caldwell M. UV-B as an environmental factor in plant life ： stress and regulation. Trends Ecol. Evol. 1997, 12 ： 22-28.

[78] Samuolien G, Urbonaviit A. Decrease in nitrate concentration in leafy vegetables under a solid-state illuminator. Hort Science, 2009, 44 ： 1857-1860.

[79] Samuolienė G, Brazaitytė A, Urbonavičiūtė A, Šabajevienė G, Duchovskis P. The effect of red and blue ligjht component on the growth and development of frigo strawberries. Zemdirbyste-Agriculture, 2010, 97(2) ： 99-104.

[80] Santamaria P. Nitrate in vegetables ： toxicity, content, intake and EC regulation. Journal of the Science of Food and Agriculture, 2006, 86 ： 10-17.

[81] Schuerger A C, C S Brown, E C Stryjewski. Anatomical features of pepper plants (Capsicum annuum L.) grown under red light-emitting diodes supplemented with blue or far-red light. Ann. Bot. (Lond.), 1997, 79 ： 273-282.

[82] Smirnoff N. Ascorbate biosynthesis and function in photoprotection. Philosophical Transactions of the Royal Society of London Series B-Biological Sciences, 2000, 355 ： 1455-1464.

[83] Wu M C, Hou C Y, Jiang C M, Wang Y T, Wang C Y, Chen H H, Chang H M. A novel approach of LED light

radiation improves the antioxidant activity of pea seedlings. Food Chemistry, 2007,101(4)： 1753-1758.

[84] Yanagi T, K Okamoto, S Takita. Effect of blue and red light intensity on photosynthetic rate of strawberry leaves. Acta Hort, 1996a, 440： 371-376.

[85] Yanagi T, K Okamoto, S Takita. Effect of blue, red, and blue/red lights of two different PPF levels on growth and morphogenesis of lettuce plants. Acta Hort. 1996b, 440： 117-122.

[86] Yanagi T, T Yachi, N Okuda, K Okamoto. Light quality of continuous illuminating at night to induce floral initiation of Fragaria chiloensis L. CHI-24-1. Sci. Hort., 2006, 109： 309-314.

[87] Yorio N C, G D Goins, H R Kagie, R M Wheeler, J C Sager. Improving spinach, radish, and lettuce growth under red light-emitting diodes (LEDs) with blue light supplementation. Hort Science, 2001, 36： 380-383.

[88] Zhang Z B. Development countermeasure of protected vegetables with low carbon production technology. In： Yang Q C, Kozai T, Bot G P A. Protected Horticulture Advances and Innovations-Proceedings of 2011 the 2nd High-level International Forum on Protected Horticulture (Shouguang · China). Beijing ： China Agricultural Science and Technology Press, 2011： 9-13.

[89] Zhou W L, Liu W K, Yang Q C. Reducing nitrate concentration in lettuce by elongated lighting delivered by red and blue LEDs before harvest. Journal of Plant Nutrition, 2011.

[90] Lee J G, Lee B Y, Lee H J.Accumulation of phytotoxic organic acids in reused nutrient solution during hydroponic cultivation of lettuce (Lactuca sativa L.).Scientia Horticulturae, 2006, 110 ： 119-128.

[91] Lee J, Choi W, Yoon J.Photocatalytic degradation of Nnitrosodimethylamine ： mechanism, product distribution, and TiO_2 surface modification.Environ Sci Technol, 2005, 39 ： 6800-6807.

[92] Miyama Y,Sunada K,Fujiwara S,et al.Photocatalytic treatment of waste nutrient solution from soil-less cultivation of tomatoes planted in rice hull substrate.Plant and Soil,2009,318 ： 275-283.

[93] Sunada K,Ding XG,Utami M S,et al.Detoxification of phytotoxic compounds by TiO_2 photocatalysis in a recycling hydroponic cultivation system of asparagus. Agric Food Chem,2008,56 ： 4819-4824.

[94] Yu J Q, Matsui Y.Extraction and identification of the phytotoxic substances accumulated in the nutrient solution for the hydroponic culture of tomato.Soil Science and Plant Nutrition, 1993, 39 ： 691-700.

[95] Yu J Q, Matsui Y.Phytotoxic substances in root exudates of cucumber (Cucumis sativus L.). Journal of Chemical Ecology, 1994, 20 ： 21-31.

[96] 崔瑾，徐志刚，邱秀茹.LED 在植物设施栽培中的应用和前景.农业工程学报，2008，24（8）：249-253.

[97] 董晓英，李式军.采前营养液处理对水培小白菜硝酸盐累积的影响.植物营养与肥料学报，2003，9（4）：447-451.

[98] 刘文科，杨其长，邱志平.断氮处理对生菜中硝酸盐与维生素 C 含量的影响.华北农学报，2011，26（增刊）：114-116.

[99] 刘文科，杨其长.MFT 系统进行沼液水培生菜的效果研究.温室园艺，2010，10：40.

[100] 刘文科，杨其长.断氮处理对水培生菜维生素 C 累积的影响.西南农业学报，2011，24（4）：1469-1471.

[101] 孙园园.氮素营养对菠菜体内抗坏血酸含量及其代谢的影响.杭州：浙江大学硕士论文,2008.

[102] 杨其长，徐志刚，陈弘达，潘学冬，魏灵玲，刘文科，周泓，刘晓英，宋昌斌 . LED 光源在现代农业的应用原理与技术进展 . 中国农业科技导报，2011，13（5）：37-42.

[103] 周晚来，刘文科，闻婧，杨其长 . 短期连续光照下水培生菜品质指标变化及其关联性分析 . 中国生态农业学报，2011, 19（6）：1319-1323.

[104] 刘文科，杨其长 . 设施无土栽培营养液中植物毒性物质的去除方法 . 北方园艺，2010，16：69-70.